일반 상대론의 물리적 기초

D. W. 쉬아마 지음
박승재 · 김수용 옮김

전파과학사

The Physical Foundation of
General Relativity
by
D. W. Sciama
Doubleday Anchor Book
New York
U.S.A
1969

《역자 약력》
박승재(朴承載)
서울대학교 사범대학 물리교육과 졸업.
노던콜로라도 대학교 대학원 졸업(교육학 박사).
서울대학교 사범대학 물리교육과 교수 역임.
역서로는 《科學敎育》,《重力》 등이 있으며, 논문 「상대론 교육의 의의와 개
념형성의 한 모형」 외 다수.

김수용(金壽勇)
서울대학교 사범대학 물리교육과 졸업.
컬럼비아 대학교 대학원 졸업(이학박사). 프린스턴 대학교 연구원. 과학 기
술대학 물리학과 교수 역임.
「플라스마 불안정성의 비선형 연구」 외 논문 다수.

차 례

편이

감사의 글

내가 케임브리지에서 대학원생으로 공부하고 있을 시점 본디 (H. Bondi)와 골드(T.Gold)의 영향을 받아서 일반 상대성 이론에 관심을 갖게 되었다. 당시 마하의 원리가 그리 소중하게 인정받지 않고 있을 무렵인데 그 원리가 참으로 중요하고 소중하다는 그들의 주장은 나에게 있어서 중요한 계기를 안겨 주었다. 이 책을 만들기 위하여 계획하고, 처음에 집필한 원고에 여러 가지 조언 및 비판을 해주신 골드 박사에게 진심으로 감사를 드린다.

이 책이 가지는 진가는 전적으로 골드 박사에게 돌아가며, 혹시 있을지도 모르는 실수, 태만 및 혼동을 일으키는 부분은 전적으로 내 책임이다.

저자에 대하여

쉬아마(D. W. Sciama)는 1926년 영국의 맨체스터(Manchester)에서 태어났다. 그는 위대한 물리학자인 디랙(P. A. M Dirac)의 제자였으며, 1952년 케임브리지 대학(Cambridge Univ.)에서 박사학위를 취득하였다. 바로 그해에 케임브리지의 트리니티 대학(Trinity College)에서 연구원으로 연구를 시작하였고, 그 이후로 프린스턴 대학(Princeton Univ.)의 고급 물리 연구소(Institute of Advanced Study)의 회원과 하버드 대학의 아가시즈 연구원(Agassiz Fellow)으로 활동해 왔다. 쉬아마는 현재 케임브리지 대학의 수학 및 이론 물리학과에서 교수로 재직하며 여러 연구원 그리고 대학원생들과 함께 일반 상대성 이론, 우주론(Cosmology), 그리고 천체 물리학 등을 연구하고 있다. 또한 여러 과학 잡지에 기고하고 있으며, 그중에 《사이언티픽 아메리칸》(Scientific American)과 《Nature》에 기고하고 있다. 그리고 《우주의 통일》(The Unity of the Universe)이라는 책을 저술하였다.

머리말

 일반 상대성 이론을 설명하는 방법에는 여러 가지가 있다. 즉 물리적인 방법, 수학적인 방법, 그리고 철학적인 방법이 있다. 무엇보다도 나는, 일반 상대론이 물리의 한 이론이라고 믿기 때문에 이 책의 처음부터 끝까지 물리적인 의미에 중점을 두어 설명하려고 한다. 나의 관점은 매우 단순하다. 즉 뉴턴의 운동 법칙은 논리적으로 불충분하다. 따라서 이것으로부터 야기되는 문제를 가지고 차츰차츰 복잡하고 이해하기 어려운 일반 상대성 이론으로 접근해 가고자 한다. 또 이것을 설명하기 위하여 어떤 임의성도 배제하려고 한다. 그럼으로써 일반 상대성 이론이 물리학의 다른 분야와는 전혀 관계가 없는 이론인 양 생각하지 않게 하려고 한다. 그 반면에 일반 상대론을 설명하기 위하여 다른 분야의 물리학에서 이룩한 기초 개념을 사용하였다.

 이 책은 물리적 세계를 피상적으로 분석하는 일에 만족하지 않는 사람들을 위하여 쓰였다. 이 책을 쓰면서 나는 아인슈타인의 위대한 업적에 다시 한번 놀라지 아니할 수가 없다. 그의 이 위대한 창조는 인간이 창조해 낸 하나의 위대한 걸작품으로 남게 될 것이다. 그의 정신이 오늘날 자연계의 기본 문제들을 가지고 씨름하는 사람들을 감화시키기를 간절히 바란다.

쉬아마(D.W. Sciama)
케임브리지 대학교 응용수학과 이론물리학 연구실

제1장
관성이란 무엇인가?

서론

인간은 타고나면서부터 물질의 관성(inertial properties)이 몸에 배일 정도로 익숙하여서 그것이 얼마나 복잡한 수수께끼처럼 불가사의한 것인가를 잊은 채로 보낼 때가 많다. 아마도 뉴턴이 처음으로 관성이 도대체 무엇인가를 밝히려고 노력했으며, 그것이 수수께끼같이 논란의 여지가 많다는 것을 제일 먼저 발견한 사람일 것이다. 그가 이끌어낸 결론은「이 수수께끼가 그렇게 절망적으로 풀기 어려운 문제는 아니다」라는 것이었다. 비록 이러한 주장이 그 당시에는 적합하고 타당하였는지 모르지만 오늘날에는 이것이 사실상 올바르고 사리에 맞는 해답이 될 수 없다. 따라서 이 책에서는 버클리(B. Berkeley), 마하(E. Mach)와 아인슈타인(Albert Einstein)이 연구해 낸 일련의 업적을 바탕으로 하나의 믿음직스럽고, 바람직한 해답을 제시하려고 한다. 이러한 시도는 궁극적으로 인간의 조그만 마음이 창조하여 만든 가장 아름답고 의미심장한 창조품 중의 하나인 〈일반 상대성 이론〉(General theory of Relativity)에서 절정을 이루었고, 이것은 또한 논리에 어긋남이 없이 삼라만상의 현상과도 잘 부합되는 고도의 이론이다.

이 장에서 우리는 문제가 무엇인가를 알고, 뉴턴이 이끌어낸 그의 해답을 배우며, 왜 그것이 올바르지 못한가를 알게 될 것이다. 이 장의 끝부분에서 보다 만족스러운 해답을 구할 수 있는 실마리를 찾아서 다음 장에서부터 이 문제를 본격적으로 공부하게 될 것이다.

관성 좌표계

관성의 본질은 뉴턴의 운동 법칙을 통해서 쉽게 이해할 수 있으므로 여기에서는 세 가지 법칙만을 제시한다.

뉴턴의 제1법칙: 힘이 물체에 작용하지 않는 한 물체는 정지 상태를 유지하거나 일정한 속도를 가지고 운동을 하게 된다.
뉴턴의 제2법칙: 물체의 가속도는 물체에 작용하는 힘에 비례한다.
뉴턴의 제3법칙: 작용과 반작용은 힘의 크기는 같지만 방향이 서로 반대이다.

이 운동 법칙으로부터 생각할 수 있는 문제가 몇 가지 있다. 만일 이 법칙들이 없었다면 물체에 힘이 작용하는지의 여부를 어떻게 알 수 있었을까? 이 문제는 앞으로 중요한 의미를 가지게 되므로, 여기에서는 임의로 끈이나 자석과 같은 힘의 원천으로부터 힘이 발생한다고 가정한다. 또한 해결되어야 할 문제는 뉴턴의 운동 제1, 제2법칙이 진실로 올바른가의 여부를 판가름하는 것이다. 일반적으로 이 두 법칙은 옳지 않다. 왜냐하면 한 물체의 속도를 측정하기 위해서는 정지 상태를 나타내는 좌표계 즉, 〈정지 좌표계〉(standard of rest)를 결정하여야 하고 이 결정된 좌표계에 대하여 여러 상대 가속도 값을 가진 다른 좌표계에서 그 물체의 속력을 측정하지 못할 법이 없기 때문이다. 이런 예에서 보는 바와 같이 제1법칙에 따른 어떤 힘에 구속되지 않는 물체는 일정한 속도를 가질 수 없다.

따라서 뉴턴의 운동 제1, 제2법칙은 반드시 수정되어야만 한다. 즉 여기에는 제1, 제2법칙의 진술을 만족시키는 정지 좌표계의 존재를 첨가하여야 한다. 그런 정지 좌표계를 설정한 후에 그 좌표계에 대하여 일정한 상대 속도를 가지는 새로운 좌표계에서 한 물체의 운동은 뉴턴의 운동 법칙을 만족시킨다. 단지 상대 가속도를 가지는 두 좌표계 사이에서만 이 법칙이 성립되지 않는다. 이와 같이 뉴턴의 운동 법칙을 만족하도록 특권을 부여받은 정지 좌표계를 〈관성 좌표계〉(intertial frame of reference) 또는 〈관성계〉라고 부른다.

또한 다른 관점에서 이 문제를 재고할 수 있다. 동력학(dynamics)의 법칙은 모든 관성 좌표계에서 똑같다고 말할 수 있다. 즉 똑같은 종류의 현상을 관찰할 때에 두 다른 관성 좌표계에 있는 관측자에게 이 현상은 모두 똑같은 법칙으로 기술될 수 있다는 뜻이다. 물체의 운동을 한 관성계에서 다른 관성계로 옮겨 기술할 때에는 운동의 법칙을 변화시키지 않아도 된다. 이와 같은 추상적인 기술을 〈상대성 원리〉(relativity principle)라 일컫는다. 그것은 다음의 두 가지 기본적인 것에 기초를 둔다. 물리 현상의 형태(여기에서는 동력학)와 관성 좌표계나 관측자의 부류(여기에서는 관성 좌표계)가 바로 그것이다. 따라서 이 이론을 확장할 때에는 분명히 두 가지의 방향을 생각할 수 있다. 1905년 아인슈타인은 물리 현상을 확대시켜 일반화함으로써 〈특수 상대성 이론〉(Special theory of Relativity)을 발표하였다. 모든 물리 현상은 여러 다른 관성계에서 관측하여도 똑같은 법칙에 지배된다는 것이다. 이

일반화는 이 책에서 다루려고 하지 않으므로 독자들은 《과학연구
시리즈》(Science Study Series)의 본디(H.Bondi)가 지은 《상대성
이론과 일반상식》(Relativity and Common Sense)이란 책을 참
고하기 바란다. 두 번째 형태의 일반화가 바로 특정한 부류의 관
측자를 모든 부류의 관측자로 확대시킨 일반화로 이것도 아인슈
타인의 업적이며 바로 〈일반 상대성 이론〉(general relativity)의
줄거리인 것이다.

　상대성 원리를 올바로 이해하기 위해서는 물리계(Physical system)
를 지배하는 법칙과 이 물리계의 상태를 나타내는 변수의 실제값
사이의 차이를 분명히 할 필요가 있다. 서로 속력이 다른 두 관성
계에서 속력을 측정할 때 한 물체의 속력이 실제값이 같거나, 한
물리계의 일부분의 속력이 다르다는 것을 측정할 수 없을 것이다.
그들이 똑같이 얻어낼 수 있는 것은 한 계의 서로 다른 변수 사
이의 〈관계〉 즉 물리계를 지배하는 법칙을 대표하는 양일 것이다.
상대성 원리 자체가 가지는 〈무기력의 원리〉(principle of importance)
라는 관점에서 이 차이는 매우 중요하다. 만일 어떤 물리 법칙이
특정한 부류의 관측자에게만 상대성 원리를 적용할 수 있다면, 물
리 법칙이 한 부류의 관측자에게만 만족되는 현상만을 발견해서
는 우리가 어떤 부류에 속하는가를 결정할 수 없다. 좀 더 정확하
게 말하면, 우리 물리계에서 뉴턴의 법칙이 성립된다고 하여도 우
리의 속력을 결정할 수 없다. 우리가 오직 알 수 있는 해답은 우
리가 특정한 관성 좌표계에 속해 있다는 것이다. 이것은 마치 지
표면 위에서 일정한 속력으로 움직이는 밀폐된 상자 속에 틀어박
혀 있다면, 상자 안에서의 실험은 우리가 지구에 대해서 상대적으
로 있다는 것을 감지할 수 없다는 것과 같다고 종종 표현된다. 이

것은 잘못된 결론이다. 왜냐하면 우리가 아는 물리 법칙으로 우리의 속력을 정할 수는 없으나 특정한 물리량의 값으로 그 속력을 결정할 수 있기 때문이다. 예를 들어 지구와 같이 움직이는 상자 안에서 측정되는 지구 자장은 전기장의 성분[1]을 가지게 되는데 이것으로부터 우리 좌표계의 속력을 계산해 낼 수가 있다. 따라서 상대성 원리를 정의하기 전에 물리 법칙이 무엇이며, 그 물리량의 값이 무엇인가를 아는 것이 매우 중요하다. 이런 방법은 후에 이론을 전개하는 데에 결정적으로 중요한 역할을 할 것이다.

비관성 좌표계

앞에서 아인슈타인이 상대성 원리를 일반화시켜 모든 관측자에게 운동 상태에 관계없이 적용되는 원리를 만들었다고 배웠다. 어떻게 일반화시켰는지를 배우기 전에, 뉴턴의 상대성 이론에 대한 견해를 분명히 해둘 필요가 있다. 여기에서 우리는 그것을 배우기도 한다. 뉴턴의 법칙은 오직 관성계에서만 성립한다. 따라서 뉴턴의 법칙에 어긋날 경우 어긋나는 양을 재면 그 관성계에 있는 관측자가 느끼는 가속도를 알 수 있다. 따라서 무기력의 원리는 여기에 적용되지 않는다. 한 예로 지구의 적도는 부풀어지고, 극은 평평해진다는 현상으로부터, 지구의 중심을 지나는 회전축을 중심으로 지구가 회전한다는 사실을 알 수 있다. 만일 회전하는 지구를 관성계로 간주하고 보면 이와 같은 현상은 분명히 뉴턴의 법칙에 어긋난다. 따라서 이 경우에 뉴턴의 법칙은 깨지게 되며 지구는 틀림없이 〈비관성계〉(noninertial frames of reference)

---

1) 《상대성 이론과 일반 상식》을 참고하자.

가 되는 것이다. 더욱이 지구가 어느 정도 크기의 비관성계인가를 알 수 있다. 즉 찌그러진 축으로부터 회전축을 결정할 수 있으며 찌그러진 양으로부터 회전 각속도를 계산할 수 있기 때문이다.

뉴턴은 높은 곳에서 한 물체를 떨어뜨릴 때 똑바로 수직으로 떨어지지 않고, 지표에서 보면 떨어지는 방향에 대하여 직각인 동쪽 방향으로 약간 어긋나서 떨어지는 현상으로 지구가 회전한다는 사실을 보이기도 하였다. 지구 좌표계에서 본 물체의 운동은 분명히 뉴턴의 제2법칙을 만족시키지 않는다. 따라서 뉴턴의 법칙을 만족시키지 않는 물체의 운동 방향과 그 크기를 이용하여 지구의 회전축과 각속도를 계산할 수 있게 된다. 푸코 진자(Foucault pendulum)는 바로 이 원리에 기초를 둔 것이다. 이 진자는 자유롭게 아무 방향으로나 움직일 수 있게 물체를 매달아 만든 것이다. 이제 푸코 진자를 지구의 극에 옮겨서 흔들리게 하여 보자. 지구의 위도에 따라서 진자의 운동은 복잡해지나 진자의 운동에 적용되는 원리는 어디에서나 모두 똑같다. 진자가 운동하는 평면은 절대 공간(Absolute space) 내의 한 평면 내로 고정될 것이며, 바로 그 밑에는 지구가 회전할 것이다〈그림 1〉. 지상의 관측자에게는 진자가 24시간을 한 주기로 하여 한 번씩 진동하는 현상이 보일 것이다〈그림 2〉. 이 진자의 운동으로부터 지구가 자전하는 것을 확인할 수 있게 된다.

회전하는 물체는 특별히 재미있는 비관성계의 예이다. 왜냐하면 한 물체에 마찰력이 작용하지 않을 경우 어떤 힘이나 짝힘(couple)이 없이도 계속 자유롭게 회전할 수 있기 때문이다. 또한 외부에서 가속도가 일정하게 계속해서 주어지는 물체도 똑같은 원리에 의한 비관성계이다. 그 예로 지구는 자전을 하면서 태

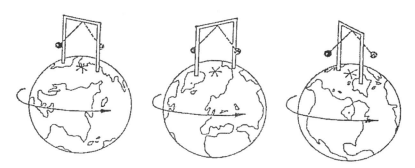

〈그림 1〉북극에서 진동하는 푸코 진자. 그것은 고정된 한 평면 내에서 움직이
며 지구가 그 밑에서 회전을 한다.

〈그림 2〉지상에 있는 관측자에게는 진자의 진동하는 평면이 그림과 같이 나타
난다.

양의 만유인력에 의하여 태양 주위를 1년에 한 번씩 공전한다.
반대로 지구에서 보면 1년에 한 번씩 공전하는 것은 바로 태양이
며, 뉴턴의 법칙은 깨지게 된다. 왜냐하면 태양의 만유인력이 지
구에 작용함에도 불구하고 지구는 가속도를 가지지 않고, 반면에
태양은 아무런 힘이 작용하지 않음에도 가속도를 가지는 것처럼
느끼게 되기 때문이다.2) 따라서 우리가 살고 있는 지구는 비관성

___
2) 여기서 지구의 중력은 불필요하다. 왜냐하면 지구를 아주 작은 중력을
주는 물체로 대체시킬 수 있기 때문이다.

계임이 틀림없다.

그러므로 뉴턴의 법칙에 위배되는 양을 관찰하면 그것으로부터 우리 지구의 가속도를 계산할 수 있으나 우리의 속력은 구할 수 없다.

관성력

물리적 현상을 다루는 경우에 회전하는 지구와 같은 비관성계를 사용하는 것이 이로울 때가 많다. 그런 경우 뉴턴의 법칙은 성립되지 않으나 비관성계에 작용하는 힘 이외에는 어떤 다른 〈힘〉을 도입하여 뉴턴의 법칙의 타당성을 유보하면 문제는 매우 간단해진다. 뉴턴의 제2법칙은

$$F = ma \qquad\qquad (1)$$

형태로 나타낼 수 있다. 이때 외부에서 작용하는 힘 F는 가속도 a와 관성 질량이라는 비례상수 m에 비례한다. 이 법칙은 관성계에만 적용된다. 그 힘이 작용하는 물체 자체를 정지 좌표계라 하면, 우리는 곧

$$F - ma = 0 \qquad\qquad (2)$$

이라는 식으로 쓸 수 있다. 식(1)로부터 식(2)를 대수적으로 쉽게 얻음을 알 수 있다. 이 과정에 담긴 물리적 내용은 매우 중요한데 그 이유는 식(2)의 -ma가 물체에 작용하는 힘들 중의 하나라고

가정하면, 식(2)는 비관성계 내의 뉴턴의 제2법칙으로 이해될 수 있기 때문이다. 물론 이 힘 -ma는 끈이나 자석과 같은 힘의 근원으로부터 생기는 힘 F와는 전혀 다르다. 새로운 힘 -ma가 F와 같이 물리적인 힘이 아니며 단지 관성계의 선택으로부터 생기는 것을 강조하기 위하여 이것을 〈가상의 힘〉(fictional force) 또는 〈관성력〉(inertial force)이라 부른다. 뉴턴 역학에서는 뉴턴의 법칙이 성립되지 않는 경우에도 이런 공식적인 절차를 도입하여 이 법칙을 사용할 수 있게 한다.

관성력들 중의 가장 좋은 보기는 회전하는 회전 좌표계에서 사용되는 힘들이다. 첫째로 들 수 있는 것은 원심력이며, 회전축에서 바깥으로 나가려는 힘이다. 이 힘의 필요성이 〈그림 3〉에 나타나 있으며, 그림을 보면 지구의 적도 위를 24시간마다 한 바퀴씩 돌고 있는 SYNCOM 위성이 있는데 이것은 마치 지표 위의 한 점에서 수직으로 자리 잡은 한 곳에 멈추어 정지한 것처럼 보인다.

지구의 관측자가 보면 지구의 중력장이 인공위성에 작용하는 힘이 있는데도 불구하고, 인공위성은 정지하게 된다. 또한 인공위성 바로 밑에 있는 사람은 눈에 보이는 붙잡아 매는 도구가 없이도 인공위성이 바로 머리 위에 떠있는 것을 볼 것이다. 따라서 보이지 않는 힘, 즉 지축으로부터 바깥으로 나가게 하는 관성력을 도입하여야 한다. 이것이 바로 〈원심력〉(centrifugal force)인 것이다. 또한 이 힘은 회전하고 있는 지구 자체에도 작용하여 적도를 부풀게 한다. 이 힘의 크기를 계산하기 위하여 인공위성이 속도 v, 각속도 ω로 지구 주위를 회전하는 관성계를 고려하면 식(1)은 다음과 같이 쓸 수 있다.

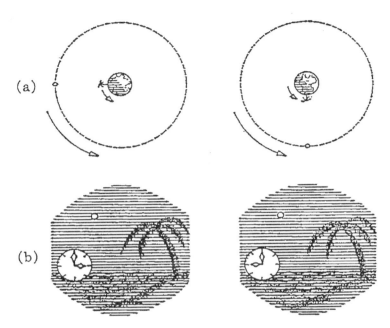

〈그림 3〉 (a) 24시간의 주기를 가지고 적도에 평행하게 회전하는 인공위성
(b) 적도에서 인공위성은 눈에 보이는 받침대 없이 머리 위에 항상 떠 있는
것으로 보이다.

$$F = m\omega v \qquad (3)$$

한편 지구의 비관성 정지 좌표계에서 이 식은

$$F - m\omega v = 0 \qquad (4)$$

이 된다. 따라서 원심력은 회전축으로부터 바깥쪽으로 향하는

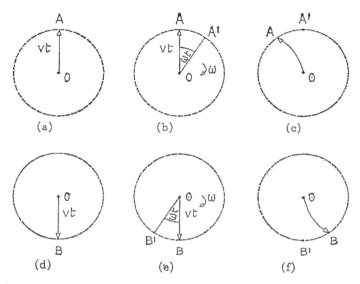

〈그림 4〉 코리올리 힘의 필요성 : (a) 관성계에서 볼 때 일정한 속도 v를 가지고 수직선을 따라 움직이는 물체의 운동 (b) 각속도 ω를 가진 회전 좌표계가 t시간 동안에 회전하여 ωt를 이루는 모습 (c) 회전 좌표계에 대하여 A'는 정지되어 있다. 따라서 물체는 휘어져서 A에 도착한다. 이 휘어지는 운동을 기술할 때에는 코리올리의 힘이 필요하다. 만일 물체가 반대 방향으로 움직이면, 반대 방향으로 휘어진다. (d.e.f)

$m\omega v$이다.

둘째로 회전하는 회전 좌표계에서 물체의 운동을 고려할 때 원심력 이외에 또 다른 힘을 도입하여야만 한다. 〈그림 4a〉는 관성계에 대하여 일정한 속도 v로 직선을 따라 움직이는 물체의 운동을 나타낸다. 그림 4b는 속도 v와 수직을 이루는 회전축에 대하여 각속도 ω를 가지고 시계 방향으로 회전하는 좌표계에서 물체의 모습을 기술할 것이다. 비록 물체에는 아무런 힘이 작용하지 않지만, 그런 좌표계에서는 물체가 직선을 따라 움직이지 않고 약간 곡선을 그릴 것이다〈그림 4c〉. 만일 물체가 그림 4d와 같이 반대 방향으로 운동하면, 그 물체는 반대 방향으로 휘어질 것이다 (그림 4e와 4f). 따라서 회전축과 물체의 속도에 대하여 수직으로 작용하는 관성력을 고려하여야 한다. 이것을 〈코리올리힘〉(Coriolis force)이라 하며 크기는

$$2m\omega v \tag{5}$$

이며, 벡터(vector)로 표시하면

$$2m\,\vec{\omega}\,+\,\vec{v}$$

가 되어 힘의 크기뿐만 아니라 방향까지 이 식으로 알 수 있다. 뉴턴이 떨어뜨린 물체에 작용하는 힘이 바로 이 코리올리 힘이며 이 힘으로 물체가 동쪽으로 휘어서 떨어지는 것이다. 푸코 진자의 운동에도 똑같은 영향을 준다. 지구를 도는 태양의 운동을 다시 한번 깊게 생각해 볼 필요가 있다〈그림 5〉. 왜냐하면 이 운동을 고려하면 지구 주위를 도는 태양의 구심 가속도는 지구를 향하여 안으로 작용하기 때문이다. 그러나 지구계에서 보면 원심력이 지구에서 멀어져 가는 바깥 방향으로 (4)식의 $m\omega v$ 크기로 작용한다. 따라서 회전하는 태양이 받는 코리올리 힘이 안쪽으로 작용하기 때문에 안쪽으로 $m\omega v$의 관성력이 생기게 된다. 그 이유는 코리올리 힘의 계수가 2이기 때문에 이것과 원심력이 서로 상쇄되고 나머지가 $m\omega v$가 되기 때문이다. 따라서 회전 운동에 필요한 구심 가속도 ωv가 얻어지게 된다.

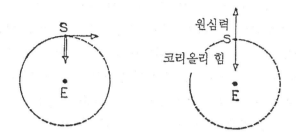

〈그림 5〉 지구 주위를 회전하는 태양의 일주 운동은
지구를 향하는 태양의 구심 가속도를 보여준다. 안쪽으
로 향하는 코리올리 힘은 바깥쪽으로 향하는 원심력보
다 2배만큼 크다. 따라서 알짜 힘은 안쪽으로의 가속도
를 보여준다.

그러므로 물리적인 물체로부터 생기지 않는 관성력을 도입하여
비관성계에서도 뉴턴의 운동 법칙의 타당성을 유지할 수 있으며
이것은 형식적으로 매우 중요한 것이다.

절대 공간

뉴턴은 자신의 운동 법칙이 극히 제한되고 특수한 관성계에서
만 적용된다는 사실을 깨닫고 매우 당황하였다. 어떤 물리적 현상
을 기술할 때 서로 다른 계에서 그것들이 왜 다르게 나타나야만
하는 것일까? 전형적인 예로 수많은 공이 동일한 축을 중심으로
서로 상대적으로 회전하고 있다고 상상해 보자. 언뜻 보기에 모든
계에서의 운동이 모두 똑같게 기술될 것이라고 생각할 수 있다.
즉 각각의 계는 다른 계가 서로 다른 속력을 가지고 회전하고 있
지 그 이외에는 모두 똑같을 것이라고 느낄 수 있다. 그러나 사실

그것들은 모두 「회전하는 속력에 따라서 공의 극에서는 평평해지 며 공의 적도에서는 조금씩 부풀어지는 정도」가 서로 다를 것이 다. 아마도 적도가 전혀 부풀어지지 않거나 극이 평평하게 되지 않는 공도 있을 것이다. 이 공이 다른 공과 달리 특별한 것이 무 엇이며, 이 공에 특별히 자연(nature)이 베푼 혜택은 무엇일까?

뉴턴은 공간 자체는 특수한 물리적 성질을 가지며 공간에 대한 상대 가속도는 그 자체로서 물리적 의미를 가지게 된다고 생각했 다. 이러한 관점에 의하면 관성계는 공간에 대하여 전혀 상대 가 속도가 존재하지 않는 물리적인 좌표계이다. 즉 평평해지거나 부 풀어 오르지 않는 공은 절대 회전(absolute rotation)을 하지 않 는 좌표계인 것이다. 이 책에서 우리는 뉴턴이 제시한 이 문제를 비판하려고 하기 때문에 뉴턴의 해답을 사실대로 인용하는 것이 중요하다. 1687년에 저술된 《프린키피아》(Principia)로부터 인용 된 구절은 상대 운동(relative motion)과 절대 운동(absolute motion) 의 차이점에 대한 커다란 논쟁의 시발점이기 때문에 역사적으로 매우 중요하다. 모트(Motte)와 캐조리(Cajori)가 영어로 번역한 《프린키피아》의 10쪽에서 뉴턴은 다음과 같이 썼다.

원운동을 하는 물체가 회전축으로부터 후퇴하려는 힘은 절대 운동과 상대 운동을 구별하는 기준이 된다. 상대적으로 회전하는 운동 즉 〈상대 회전 운동〉(relative circular motion)은 그런 힘 을 가지지 않지만, 〈절대 회전 운동〉(absolute circular motion) 에는 운동하는 속력에 따라 힘의 크기가 크거나 작다. 물을 양동 이에 담아서 긴 줄에 매달아 놓자. 이 줄을 많이 꼬아 감은 채로 물이 담긴 양동이를 정지시키자. 그리고 나서 줄이 감긴 방향과 반대로 갑자기 힘을 주어 긴 줄이 저절로 풀려나가게 하자. 그러면 차츰차츰 양동이는 회전하기 시작할 것이다. 처음에는 양동이에 담겨 있는 물의 표면이 양동이가 움직이기 전의 모습과 같이 수평을 유지한다. 그러나 차차로 양동이의 회전 운동이 물에 전달되므로 물이 회전하기 시작하여 조금씩 조금씩 양동이의 중앙으로부터 물이 후퇴되어, 내가 경험한 바에 의하면 양동이 가장자리에 물이 모여서 표면이 포물선을 이룬다. 물의 회전 운동이 빠를수록 물이 양동이의 가장자리로 많이 모이게 된다. 그러나 물의 회전 운동이 빨라져서 양동이의 회전 속력과 같아지면 상대적으로 물은 정지하게 될 것이다. 물의 수면이 양동이의 가장자리에서 높아지는 현상은 회전축으로부터 물이 후퇴하려는 경향 때문이다. 바로 이런 사실을 이용하여 상대 회전 운동과 절대 회전 운동의 차이를 이해할 수 있으며 그 크기를 측정할 수 있다. 즉 처음에 양동이에 담긴 물의 상대 운동이 최대일 때는 회전축으로부터 후퇴하려는 경향이 나타나지 않기 때문에 물이 양동이의 가장자리로 모이지도 않고, 가장자리에 어떤 힘도 미치지 않는다. 그러므로 물의 진정한 회전 운동은 일어나지 않는다. 그러나 곧 물의 상대 속력이 줄면, 양동이에 담긴 물의 수면이 가장자리 쪽으로 불어난다. 따라서 후퇴하려는 힘이 생기게 되며, 양동이 안에 있는 물의 상대 운동이 정지 상태에 이를 때까지 물의 회전 운동은 계속 증가할 것이다. 그러므로 후퇴하려는 힘은 물을 둘러싼 물체에 대한 임의의 방향으로부터 물의 이동이나 그 이동에 따른 회전 운동에 관계하지 않는다. 회전축으로부터 후퇴하려는 힘은 오직 절대 회전 운동에 의한 결과로 나타난다. 어떤 물체나 동일한 물체 내에서 일어날 수 있는 상대 운동의 종류는 외부의 물체와 관련하여 무수히 많다. 이런 운동은 모두 실제로 회전축으로부터 후퇴하려는 힘을 가지지 않으며, 그렇지 않을 경우에는 다만 진정한 의미의 절대 회전 운동을 하는 것처럼 보인다.

　절대 회전 운동이 직접적으로 실험을 통하여 관찰될 수 있는 상대 회전 운동과는 전혀 관련되지 않음에도 불구하고 한 물체가 가지는 절대 회전 운동의 크기를 측정할 수 있다는 사실로 우리는 뉴턴이 내린 그의 실험에 대한 해석을 종합할 수 있다. 따라서 우리가 하여야 할 것은 양동이 속에서 회전하는 물의 표면의 곡률을 측정하는 것이다. 왜냐하면 그것으로부터 우리는 원심력이 작용하는지의 여부를 알 수 있기 때문이다. 이와 같은 방법으로 또한 코리올리 힘을 찾을 수 있다. 예를 들어서 지구의 절대 회전 운동의 속력을 지구 표면이 얼마나 부풀어 올랐는가를 관찰함으로써 측정할 수 있다. 즉 회전 운동을 하는지 안 하는지의 여부를 다른 물체의 도움 없이도 결정할 수 있다.

　뉴턴의 절대 공간에 대한 개념은 몇 가지 불충분한 면을 가지고 있다. 그 이유는 첫째로 절대 공간이 우주에 존재하고 있다고 생각할 수 없다. 왜냐하면 만일 절대 공간이 존재한다면 절대 가속도뿐만 아니라 절대 속도가 존재할 것이고 따라서 전혀 상대성 원리를 가질 수 없으며 다른 관성계에 있는 관측자들도 서로 동등한 물리 법칙을 가질 수도 없다. 절대 공간에 대해 일어나는 균일한 등속 운동은 관찰할 수 없지만 반면에 가속도 운동은 관찰될 수 있다는 사실을 무엇을 가지고 어떻게 설명할 수 있는가?

　뉴턴이 이 문제의 해답을 주저하고 제시하지 않은 이유는 절대 공간을 도입함으로써 관성계의 역할을 올바르게 설명하지 못하기 때문이다. 이것은 관성계의 존재를 재확인하는 것이었다. 바로 이 이유 때문에 물체에 의하여 영향을 받지 않은 채 절대 공간은 관성력으로 물체에 힘을 작용시킬 수 있다는 물리적인 패러독스에 도달한다. 뉴턴이 설명한 바에 의하면 절대 공간은 그 속에 내포된 물질에 관계없이 이미 정해져 있었기 때문이다.

두 가지 방법을 이용하여 관성에 대한 연구를 좀 더 깊게 할 수 있다. 만일 〈공간〉을 관성력이 생기는 근원이라고 가정하면 모든 물리적인 현상을 이 공간의 개념을 써서 설명할 수 있다. 즉 공간은 절대적이며, 고정불변한 것이 아니며, 변할 수 있는 성질을 가져서 물체가 공간에 힘을 작용하면 거꾸로 반작용이 공간으로부터 생겨날 수 있다. 이러한 보다 추상적인 관점이 바로 물리학의 상호작용에 관한 〈장이론〉(field concept of physical interaction)에 해당한다. 예를 들어 이 개념을 사용하면 두 전하는 직접 서로 상호작용을 하는 것이 아니며, 한 전하(electric charge)가 만드는 전기장(electric field)을 통하여 다른 전하에 힘을 미친다. 바로 이 사실은 상호작용의 국소적인 면(local aspect of interaction)을 강조한다. 즉 한 전하에 작용하는 전기력(electric force)은 바로 옆에 존재하는 전기장에만 의존하게 된다. 이 전기장이 또한 멀리 떨어진 곳의 전기장에 의존하는 것은 사실이며, 다른 전하가 내놓은 전기장에 관계할 것이다. 그러므로 멀리 떨어져 있는 두 전하는 서로 상호작용을 하게 된다. 그러나 여기에서 특별히 강조할 점은 각각의 전하는 바로 전하의 가까이에 있는 곳의 전기장에 의해서만 직접적으로 영향을 받는다는 것이다. 이와 같이 관성력은 공간 내에서 물체의 바로 이웃에 있는 점이 물체에 작용하는 힘으로 이해될 수 있다. 이러한 공간의 성질과 다른 물체 사이의 관계는 두 번째로 생기는 부차적인 문제이다.

　사실 이것은 아인슈타인이 제창한 물리적인 관점이기도 하다. 그러나 역사적인 이유와 이해를 돕기 위하여 먼저 이와는 다른 물리적 관점을 배우는 것이 좋기 때문에 뉴턴의 관점을 배운 것이다. 여기서 우리는 물체 사이에 직접 작용을 하는 상호작용을 강조한다. 전기력의 경우 〈맥스웰 방정식〉(Maxwell's equation)으로 대표되는 장의 이론과는 달리 〈쿨롱의 법칙〉 $F = e_1 e_2 / r^2$ 이 이런 물리적 관점을 대표한다. 직접적으로 상호작용을 한다는 관점에서 관성력은 공간에 의하여 생기는 것이 아니라 서로 다른 물체에 의하여 생겨나는 것이다. 만일 이러한 관점이 사실이라면, 관성력은 결국 가짜의 힘이 아니라 다른 힘과 같이 물리적인 힘(Physical force)이다. 따라서 뉴턴의 법칙은 모든 관성계에 성립될 것이며, 관성계의 역할을 쉽게 이해할 수 있게 된다. 여기서 말하는 관성계는 이 계에 작용하는 관성력이 0이 되는 계로서, 그런 물체들은 무엇일까? 이것은 바로 다음 장에서 다루어질 문제이다.

제2장
관성력은 무엇으로부터 생겨날까?

서론

이 장에서 우리는 관성력의 근원이 될 만한 물체가 어디에 있는가를 찾으려고 한다. 이것을 찾기 전에 우리는 독자들이 이미 배운 바와 같이 제1장의 마지막에서 조금 언급하다 말아버린 관점을 심사숙고해야겠다. 자연계에 존재하는 물질이 관성력의 근원이 될 수 있다는 사실을 암시하면서, 뉴턴이 이 가능성을 미리 고려하고 실험적인 근거 하에서 이것을 부인한 사실을 간과하였다. 물이 담긴 양동이의 실험으로부터 뉴턴은 수면의 모양이 물과 양동이 사이의 상대 운동과는 무관하다는 사실을 강조하였다. 그는 다른 물체는 원심력의 존재 여부와는 전혀 관계가 없다고 말했다. 따라서 뉴턴은 물체의 존재 여부와는 관계없는 절대 공간 내에서의 회전 운동인 절대 회전 운동을 다루려고 하였다. 절대 회전 운동을 다룰 때 다른 물체를 도입하는 것이 적절한지의 여부를 어떻게 설명할 수 있을까? 이 문제의 해답이 《프린키피아》가 나온 지 20년 후에 에이레의 철학자이자 가톨릭 주교인 버클리(1685~1753)에 의하여 처음으로 주어졌다.

버클리의 이론

버클리는 이 문제가 단순히 정성적으로 다루어져야 할 것이 아니며, 정량적으로 다루어져야 할 문제라고 지적하였다. 양동이에 담겨 있는 물과 그 양동이의 사이가 가까움에도 불구하고 양동이 자체가 가지는 양이 적어서 물에 작용하는 관성력을 우리가 느낄 수 있을 만큼 크게 양동이가 만들어내지 못한다고 지적하였다. 그러면 다음과 같이 질문을 할 수도 있다. 과연 양동이가 아닌 다른 물체를 기준으로 하여 회전시킬 때 물의 표면을 곡선으로 만드는 성질을 가지는 물체가 있을까? 버클리는 하늘에 떠 있는 별이 그런 물체가 될 수 있다고 해답했다. 우리는 별이 지구를 중심으로 24시간에 한 번씩 회전한다고 알고 있다. 오늘날 지역에 따른 원심력과 코리올리 힘을 측정함으로써 지구의 회전 속력을 매우 정확하게 구할 수 있다. 이 사실은 바로 이들 관성력이 별을 중심으로 우리가 상대적으로 회전할 때만 나타난다는 것을 뜻한다. 따라서 뉴턴의 실험은 관성력의 존재가 다른 물체를 중심으로 한 회전 운동과 무관하다는 것을 보여 주지 않고, 그 반대 사실인 상대 회전 운동과 관계한다는 것을 실제로 보여주었다. 이와 같은 버클리의 관점에 의하면 별은 양동이보다 더 많은 영향을 관성력에 기여한다. 왜냐하면 별의 큰 질량이 별과 지구 사이의 멀리 떨어진 거리에 의한 효과를 능가하기 때문이다.

한 가지 주목할 만한 사실은 버클리가 철학적인 이유로부터 물리적이고 보다 현대적인 이론을 제안하였다는 것이다. 즉 절대 공간이 관찰될 수 없기 때문에 절대 공간 자체의 아이디어에 그는 반대하게 되었다. 만일 한 물체가 우주 내의 한 곳에 홀로 떨어져 있을 때, 그 물체의 회전 운동을 언급하는 것은 아무 의미도 없는 일이다. 우리는 다른 물체 즉 별의 존재가 필요하게 되며, 비로소 그 별을 중심으로 회전하는 회전 속력을 측정할 수가 있다. 그 필요성은 회전 운동을 수반하는 물리적 효과를 설명하기 위해서는 별이 없어서는 안 된다는 물리적 근거 때문에 더욱 분명해진다. 이런 철학적 문제에 대한 버클리 자신의 말이 다음과 같이 이어진다.

만일 모든 장소가 상대적이라면, 그것과 관련된 모든 운동은 상대 운동이 될 것이며, 운동은 운동 방향을 결정하지 않고는 이해될 수 없다. 그리고 이러한 운동 방향은 우리 지구나 어떤 다른 물체와의 관련 없이는 이해할 수가 없다. 위, 아래, 왼쪽, 오른쪽 등 여러 운동 방향과 운동이 일어나는 장소는 어떤 특별한 관계에 의하여 결정된다. 그것을 결정하기 위해서는 움직이는 물체와 다른 어떤 물체를 가정할 필요가 있다……. 그래서 운동은 본질적으로 상대 운동이며 따라서 그런 물체가 주어져서 어떤 관계가 주어져야만 운동의 본질을 이해할 수 있다. 그러므로 만일 한 개의 공만을 제외하고 아무것도 없다면, 그 공의 운동이 어떠하리라고 상상하는 것은 불가능하다.

이제 두 개의 공과 그 공들 사이에 어떤 물질도 존재하지 않는다고 가정해 보자. 이때 두 공의 공동중심 주위로 두 공이 원주상을 회전하는 운동도 마찬가지 이유로 상상하기가 불가능하다. 그러나 만일 위치가 고정된 항성이 별안간 나타나면 이것을 기준으로 상대 운동을 생각할 수 있다.

이와 같이 기술하면서 버클리는 자신의 시대보다 훨씬 앞선 생각을 하였다는 것을 보여주었다. 그 당시에 유명한 스위스의 수학자인 오일러(L. Euler)(1707~1783)도 위에 진술된 항성의 가상적인 영향이 「매우 이상하며, 형이상학(metaphysics)의 이론과 모순된다」고 생각하였다. 그 후에도 많은 학자들이 오일러의 견해와 동감하여 많은 발표를 하였다. 그러나 그로부터 150년 이후 마하(E. Mach)가 그의 원리를 발표할 때까지 이 이론의 중요성을 몰랐었다.

마하의 원리

마하는 버클리의 이론을 받아들여 이것을 보다 정교하게 완성시켜 관성의 문제에 접근하였으며, 뉴턴의 권위가 의심할 여지가 없는 때에 그 문제를 다시 토의하게 함으로써 그의 업적이 중요한 의미를 가지게 되었다. 마하는 버클리보다 적극적이고 자세하게 뉴턴의 운동 법칙에 비판을 가하였다. 그러나 원심력의 문제에 대한 버클리의 견해와 마하의 견해는 똑같았다. 1872년 마하는 그가 쓴 책 《에너지 보존의 원리에 대한 역사와 근원》(History and Root of the Principle of the Conservation of Energy)에서 다음과 같이 말했다.

내 생각으로는 상대 운동만이 존재한다⋯⋯. 한 물체가 항성을 중심으로 상대적으로 회전할 때에 원심력이 발생한다. 그러나 만일 그 운동이 항성이 아닌 다른 물체에 대하여 상대 회전 운동을 할 때는 원심력이 생기지 않는다. 항성에 대하여 상대적으로 회전하는 운동 이외에 어떤 운동도 의미를 가지지 않는다는 사실을 상기할 때, 나는 항성에 대한 상대 회전 운동을 회전 운동이라고 부르는 데에 반대하지 않는다.

마하는 별이 관성력을 발생시키는 원인이라는 견해를 버클리보다 더 적극적으로 주장하였다.

지구가 지축을 중심으로 자전한다는 현상이나 항성이 지구를 돌며 지구는 정지해 있다고 생각하는 것은 동등한 사실이라 쉽게 이해할 수 있다. 즉 기하학적으로 말하여 이 두 가지 현상은 지구와 항성이 서로 서로에 대하여 벌이는 상대 회전 운동의 예이다. 그러나 만일 지구가 정지하고 항성이 그 둘레를 돌고 있다고 가정하면, 적어도 우리가 평상시에 가지는 관성의 개념으로부터 지구 표면의 부풂이 생기지도 않을 것이요, 푸코의 실험도 불가능할 것이다. 이제 이 문제를 두 가지 다른 방법으로 해결할 수 있다. 즉 모든 운동이 절대 운동이거나, 우리의 관성의 법칙의 내용이 틀리거나 이 두 가지 중의 하나일 것이다. 차라리 나는 두 번째의 가정을 택하고 싶다. 관성의 법칙은 너무나 속기 쉬워서 첫 번째나 두 번째의 가정을 사용해도 똑같은 결과를 얻는다. 이런 사실을 상기하면 우주에 산재하는 질량에 깊은 관심을 가져야 함이 분명해진다.

따라서 마하의 견해에 따르면 관성계는 우주에 존재하는 모든 물질의 평균으로 정의된 계 또는 위치가 변하지 않고 고정되어 있는 별에 대하여 가속되지 않는 좌표계이다. 더욱이 한 물체는 다른 물체가 우주에 존재하는 이유만으로도 관성을 가지게 된다. 아인슈타인을 따라 이것을 〈마하의 원리〉라고 부르겠다.

왜 국소적으로 관찰되는 것이 가속도일까?

마하의 원리가 뉴턴의 절대 공간의 개념보다 유리한 점 중의 하나는 마하의 원리로부터 국소적인 한 장소에서 관측할 수 있는 것이 가속도이지, 속도가 아니라는 것을 알게 한다는 점이다. 똑같은 수의 별들이 모두 여러 방향으로 골고루 균일하게 존재한다고 가정한다면, 만일 우리가 그 별에 대하여 정지해 있으면 별들이 발생시킬지도 모르는 관성력은 대칭성(Symmetry)에 의하여 모두 상쇄되어 0이 될 것이다. 이제 우리가 반드시 설명하여야 할 것은 만일 별들이 우리에 대하여 일정한 속도를 가지고 지나간다면 그들의 알짜 관성력(net inertial forces)은 0이 되나, 가속이 되면 그것은 결코 0이 될 수 없다는 사실이다. 이런 사실은 관성력이 관성력을 일으키는 물체의 운동과 어떤 관계가 있는가를 분명히 깨닫게 한다. 이것을 다음 장에서 토의할 예정이다. 다만 간단히 여기에서 지적할 요점은 만일 속도와 가속도를 상호작용의 개념을 써서 설명하면 두 가지의 역학적 성질이 매우 다르다는 것을 알게 된다는 점이다. 뉴턴의 관점에서 보면, 왜 절대공간 내에서 벌어지는 속도는 관찰할 수 없는가 하는 이유가 수수께끼처럼 나타나게 된다.

이러한 관점은 너무나도 중요하며 만일 멀리 떨어져 있는 별과 일정한 장소에 있는 물체 사이에 속력에 의존하는 상호작용이 일어날 때 어떤 현상이 일어날 것인가를 생각하는 것은 매우 쓸모 있는 일이다. 그런 경우에 별이 계속하여 우리에게서 일정한 속력으로 멀어져 가면, 무엇인가를 발견할 것이다. 1963년에 바로 그런 형태의 상호작용이 제안되었다는 사실을 알면 매우 흥미롭게 느낄 것이다. 비록 이러한 가능성이 곧 실험적으로 배제되었지만, 상대성 원리를 서술할 때 10쪽에서 논한 바와 같이 이 제안은 물리계를 관장하는 물리 법칙과 그 물리적 상태를 나타내는 물리 변수의 실제값 사이에 어떤 차이가 있는가를 명확하게 설명하여 준다. 만일 우주에 물질이 균일하게 분포되어 있으면, 이들 물리 변수 중의 하나는 국소적인 물리계와 떨어져 있는 별 사이의 상대 속도가 될 것이다. 국소적인 물리계에 국한하여 이 상대 속도를 측정하는 경우가 바로 〈특수 상대성 원리〉(Principle of special relativity)에 대응한다.

〈K 중간자〉(K-meson)라고 불리는 소립자(elementary particle)가 두 개의 다른 소립자인 π 중간자(π-meson)로 붕괴되는 현상은 소립자가 가지는 특수한 대칭성을 갖지 않는다. 이 현상을 설명하기 위하여 새로운 상호작용이 제안되었다. 이 제안된 상호작용에 의하면 K 중간자는 별 속에 있는 물질과도 상호작용을 하려 한다. 그래서 π 중간자로 붕괴하려는 K 중간자가 별에 대하여 가지는 상대 속도에 의존한다. 이 이론은 실험적으로 확인되지 않아 곧 부인되었으나 만일 이것이 옳다면, K 중간자가 가지는 일정한 상대 속도를 정확하게 측정할 수 있다는 것은 명백하다.

만일 붕괴하는 확률이 속도에 관계되고, 이 관계가 새로운 상호작용이 제안되기 전에 실험적으로 발견되었다면 뉴턴을 따르는 물리학자들은 상대성 원리는 전혀 존재할 수 없으며 절대 가속도뿐만 아니라 절대 속도도 그 나름대로의 특별한 의미를 가지게 된다고 생각할 것이다. 새로운 상호작용이 제안되자마자, 곧 별이 K 중간자에 힘을 미치며 특수 상대성 이론은 그대로 유지됨을 알게 되었고, K 중간자의 별에 대한 상대 속도를 측정할 수 있었다. 왜냐하면 그것은 전체 우주의 계(系) 내에서 내재하는 상대속도이기 때문에 매우 흥미로웠다. 이런 경우에도 모든 물리 법칙은 여전히 모든 관성계에서 동등할 수 있기 때문에 특수 상대성 이론도 그 나름대로의 의미를 가지게 된다.

이와 같은 방법으로 마하의 원리로부터 우리는 모든 역학의 법칙이 모든 관성계뿐만 아니라 심지어는 비관성계에서도 적용된다는 사실을 알았다. 비관성계에서 일어나는 관성력은 별에 대한 상대 가속도 – 이것은 전체 우주계 내에 존재하는 가속도-를 결정할 수 있게 해주는 별로부터 얻을 수 있는 물리적 효과이다. 즉 관성력의 중요성이 이와 같이 변화될 수 있다는 것을 인식하게 된다. 그러므로 관성력은 뉴턴의 법칙을 만족시키지 않는 존재라기보다는 별에 대한 상대 가속도를 결정할 수 있는 도구로 깨닫게 된다. 따라서 관성력은 법칙의 일부분이 아니라, 단순히 물리적인 값을 가지는 데 불과한 양이다. 이러한 관성에 대한 새로운 견해를 확인하기 위하여 물체 사이의 〈관성 상호작용〉(inertial interaction)의 이론을 자세히 배울 필요가 있다. 이제 그 자세한 이론을 다루어 보기로 한다.

제3장
관성 유도의 법칙

서론

이 장에서 우리가 할 일은 어떤 물체에 의하여 다른 물체에 작용하는 관성력을 결정하는 법칙이 무엇인가를 찾는 것이다. 여러 다른 형태의 힘인 중력, 전자기력과 같이 두 물체 사이에 작용하는 관성력은 물체의 고유한 성질(inertial properties) 즉 물체 간의 상대 운동(relative motion)이나 물체들 사이의 떨어져 있는 거리에 의존할 것이다. 이 장에서 우리는 물체들 사이에 작용하는 관성 상호작용의 모든 성질을 결정하는 충분한 실험의 자료를 배우게 될 것이다.

물체의 고유한 성질과의 관계

먼저 물체의 어떤 양에 관성력이 작용하는가에 대한 문제를 생각해 보기로 하자. 그 해답은 (정의에 의하여) 관성 질량일 것이다. 관성 질량을 구하는 공식이 제1장의 (2), (3) 또는 (5)식에 주어져 있으며, 이 식들로부터 물체에 작용하는 관성력이 관성 질량에 비례한다는 것을 볼 수 있다. 관성력을 표현하기 위하여 관성이 정의되어 있는 뉴턴의 제2법칙(Newton's second law)을 사용하였기 때문에 이 공식들은 단순히 정의에 지나지 않는다. 만일 우리가 물체의 어떤 고유한 성질을 가진 양 때문에 관성력이 작

용하는가 하고 문제를 제기하면, 또 한 번 새로운 사실을 깨닫고
놀라움을 금치 못한다. 근원이 다른 힘의 경우에도 이와 같은 문
제가 제기된다. 예를 들어 한 물체에 작용하는 전기력은 그 물체
의 전하에 의존한다. 한 물체에 의하여 발생되는 전기력은 또한
그 물체의 전하에 관계한다는 사실을 알게 된다. 그러므로 전하는
두 가지 역할을 한다. 하나는 수동적이요, 또 다른 하나는 능동적
인 역할이다. 두 가지 역할을 하는 기본적인 이유는, 서로 다른
두 전하 사이에 작용하는 힘의 크기는 같고 방향이 반대라는 뉴
턴의 제3법칙이다. 이것을 기호로 표시하면

$$F \propto e_1 e_2$$

이며 상호작용을 하는 전하에 대하여 대칭성을 가진다.

이와 같은 이유로 관성 질량도 수동적인 역할뿐만 아니라 능동
적인 역할을 한다고 가정할 수 있으며, 따라서 질량이 m_1, m_2인
두 물체 사이에 작용하는 관성력은 법칙

$$F \propto m_1 m_2$$

에 따를 것이다. 그러므로 관성 질량은 관성력의 원천이 된다.

상대 운동과의 관계

다시 유사한 문제인 두 전하 사이에 작용하는 힘에 대하여 생
각하는 것이 유리할 것이다. 만일 전하들이 상대 운동을 하면, 그

들 사이에 작용하는 힘은 상대 운동의 양상에 따라서 매우 복잡
해진다. 이런 힘은 상대 운동의 속도뿐만 아니라 상대 운동의 가
속도에도 의존한다. 이 가속도에 관련된 항은 바로 가속도 α에
비례한다.

$$F \propto e_1 l_2 \alpha$$

앞의 장에서 배운 바와 같이 별이 물체에 대하여 가속될 때 그
물체에 관성력이 작용하고, 그렇지 않을 경우에는 관성력이 작용
하지 않으므로, 우리는 힘이 $e_1 l_2 \alpha$에 비례한다는 사실을 강조한
다. 그러나 만일 관성 상호작용에 별들의 속도나 위치에 의존하는
항이 포함되면 별이 대칭적으로 우리 주위에 균일하게 분포되어
있다고 가정함으로써, 이렇게 생기는 힘을 모두 합하면 0이 된다
고 생각할 수 있다. 이러한 추리로 그런 항이 정말로 존재하는지
의 여부를 알 수는 없다. 그러나 전기력의 경우와 같이 가속도에
관계되는 항이 반드시 포함될 것이다. 그래서 우리는 관성 상호작
용의 관계식을 다음과 같이 쓸 수 있다.

$$F \propto m_1 m_2 \alpha$$

거리와의 관계

이제 우리는 전기력의 경우를 고찰하면서 이 절을 공부하기로
한다. 두 개의 움직이지 않는 전하들 사이에 작용하는 힘은 쿨롱
법칙에 의하여 거리의 제곱에 반비례한다. 이와는 다리 가속도에

의존하는 항은 거리에 반비례한다.

$$F \propto \frac{e_1 e_2}{r} \alpha$$

이것은 가속 운동을 하는 전하는 전자기파를 내놓는데 반지름이 r인 구면상을 지나는 이 전자기파 에너지의 플럭스(flux)는 거리 r과는 무관하다는 사실로부터 $1/r^2$에 비례하지 않고 $1/r$에 비례하는 성질을 가지게 되므로 이러한 차이점을 보이게 되기 때문이다.

그러면 관성력도 전기력의 경우와 같이 거리에 반비례할까? 즉 관성력이 다음과 같은 식으로 주어질까?

$$F \propto \frac{m_1 m_2}{r} \alpha \qquad (6)$$

이 관계식의 오른쪽에 있는 $m_1 m_2$는 관성력의 정의에 따라서 쉽게 이해할 수 있으나, 왜 $1/r$의 관계를 가질 것인가는 쉽게 이해하기가 어렵다. 다행히도 이 문제를 해결하는 방법이 한 가지 분명히 있으며, 이것은 뉴턴의 양동이를 회전시키는 실험으로부터 이끌어낸 원리를 이용하는 방법이다. 즉 가까이에 있는 물체(여기서는 양동이)가 가속될 때에는 그 물체가 만들어 내는 관성력은 너무 작아서 측정하기가 어렵다. 그러므로 가까이에 있는 물체보다 멀리 떨어져 있는 물체와 작용하는 원거리 힘(long-range force)을 다루어야만 한다. 그 이유는 양동이의 질량의 물체가 내놓는 관성력의 크기가 양동이가 만드는 관성력보다 클 수 있기 때문이다.

이것을 정량적으로 취급하여 보자. 즉 식(6)이 올바른가를 증명하여 보자. 제일 먼저 해야 할 일은 가까이에 있는 물체가 만드는 관성력의 최대 극한치를 찾아보는 것이다. 뉴턴이 행한 실험으로 이 문제를 해결할 수는 없지만, 1896년 프리드렌더 형제(T. and B. Friedländer)가 좀 더 세련된 방법을 고안하였다. 그들은 무게가 비교적 무겁고 빨리 돌아가는 수레 안에서 생기는 코리올리 힘과 원심력을 찾으려 노력하였으나 실패를 거듭하였다. 지구 주위를 회전하는 태양의 연주 운동(annual motion of sun)을 이용한 좀 더 정밀한 테스트도 사용되었다. 만일 태양이 관성력을 발생시키는 근원으로 가장 유력한 후보라면, 태양을 향하여 흔들리기 시작한 푸코 진자는 계속하여 태양을 향하여 움직여야 할 것이며, 따라서 지구에서 관찰하면 하루에 한 번씩 진동하는 것뿐만 아니라 1년에 한 번씩 크게 진동을 하여야 한다. 사실 푸코 진자는 이와 같은 행동을 하지 않으며, 조그만 국소적 비회전계(local non-rotating frame)인 푸코 진자는 별을 향하여 100년 동안 약 2~3초의 각도로 따라간다. 이런 현상을 연구하기 위해서는 푸코 진자의 운동을 연구하는 것보다 달의 운동을 조사하는 것이 더 바람직하다. 그러므로 태양에 의한 관성력과 전 우주가 만드는 관성력과의 비가 약

$$\frac{5}{2\pi \times 2 \times 10^5 \times 100} = 4 \times 10^{-8}$$

보다 작게 만드는 거리에 대한 지수법칙(power) 관계를 만들어야 한다.

처음에 거리의 역자승 법칙(inverse square law)에 대하여 생각해 보면 그것은 너무 근거리를 작용하는 힘(short-ranged force)이므로 이 법칙이 배제된다는 사실을 곧 깨닫게 된다. 별이 우주 공간에 비교적 균일한 밀도를 가지고 분포될 경우 역자승의 법칙을 고려하는 것은 매우 유용한 일이다. 중심으로부터 거리 r만큼 떨어져 있는 구면(spherical layer)에 존재하는 별의 수는 r^2에 비례하나, 각각의 별로부터 나오는 관성력의 크기는 r^2에 반비례하기 때문에 우주의 중심으로부터 떨어져 있는 거리에 관계없이 모든 구면은 각각 똑같은 크기의 힘을 발생시킨다. 만일 별들의 분포가 우주 전체로 확장되면, 관성력을 일으키는 구면의 수는 무수히 많아질 것이며, 이 일정한 힘의 효과와 비교하여, 각각의 구면 내에 존재하는 별들의 수가 조금 많고 적음에 따른 편차(deviation)는 거의 없어질 것이다. 만일 별들이 분포해 있는 공간의 반지름이 R이고 구면의 두께가 r_0이라면 이 공간 내에 존재하는 구면의 수는 R/r_0이며, 거리가 r에 있고 두께가 r_0인 구면의 부피는 $4\pi r^2 r_0$가 된다. 그리하여 그 공간 속에 분포하는 별들로부터 생기는 힘[3]은

$$4\pi r^2 r_0 n \times \frac{m}{r^2} \times \frac{R}{r^0} = 4\pi nmR$$

에 비례할 것이다. 여기에서 n은 단위 부피당에 존재하는 별의

---

3) 우리는 제6장에서 이 힘을 계산하기 위하여 모든 별이 내놓는 힘을 간단히 더하는 것이 엄밀하게 옳지 않음을 알게 된다. 즉 이 힘에 관한 이론은 비선형(nonlinear)성을 가지게 된다. 그러나 대강의 어림 계산을 위하여 선형 법칙(linear law)을 이용해도 충분하다.

수이며 m은 별의 평균 질량이다.

이제 우리는 이 힘과 태양이 만드는 관성력을 비교할 필요가
생긴다. 태양의 질량이 별의 평균 질량과 같다면, 태양에 의한 힘은

$$\frac{m}{a^2}$$

에 비례하게 되며, 여기에서 a는 태양과 지구 사이의 거리이다.
따라서 이 두 힘 사이의 비는

$$4\pi n R a^2 \tag{7}$$

이 된다. 그런데 이 값은 반드시 $1/(4 \times 10^{-8})$ 즉 2.5×10^7 보다
커야만 한다.

비(7)을 계산하기 위하여 n과 R의 값을 알아야만 한다. R은 별
들이 분포될 수 있는 전 공간의 반지름에 해당되므로, 이것을 구
하려면 맨눈으로 볼 수 있는 별, 우리가 속해 있는 은하계인 우리
의 은하계(Milky Way), 이런 은하계가 무수히 모여서 우주를 이
룬다는 사실을 상기할 필요가 있다. 각각 다른 거리에 떨어져 있
는 여러 가지의 구면이 모두 힘을 발생시키므로, 다른 은하계
(galaxy)에 의한 효과를 무시할 수 없다. 사실 앞에서 우리가 행
한 계산을 별의 분포 대신에 은하계의 분포를 이용할 수도 있다.
이 계산은 태양의 질량이 은하계의 질량보다 크지 않다는 가정이
적용되는 범위 안에서 허용된다. 우주 안에 존재하는 물질의 대부
분이 수소로 구성되어 있다고 믿어지므로, 어떤 면에서 관성력을
발생시키는 근원을 별이나 은하계보다 수소원자(hydrogen atom)

라고 생각하는 것이 더 유용할 때가 있다. 따라서 태양에는 무수히 많은 수소 원자가 들어있다고 인정하여야만 하고, 이러한 이유 때문에 태양은 수소만으로 되어 있다고 가정한다. 그러면 태양의 질량은 2×10^{33}g 이고 수소 원자의 질량은 1.7×10^{-24}g이기 때문에 태양에는 약 10^{57}개의 수소 원자가 들어가게 된다. 그러므로 태양과 전 우주가 만드는 관성력의 비가

$$4\pi \times 10^{-57} n_H R a^2 \qquad\qquad (8)$$

보다 커야만 한다. 여기에서 n_H는 전 우주에 존재하는 단위 부피당 수소 원자의 수를 평균한 값이 되며, R은 우주의 반지름이다. 언뜻 보기에 우주의 반지름은 무한히 크기 때문에 이 공식은 매우 계산하기 어렵게 보인다. 그러나 별의 스펙트럼들(Spectra)을 보면, 나타나는 적색 편이(red shift) 현상으로부터 멀리 떨어져 있는 은하계는 우리로부터 점점 멀어져 간다는 사실을 이용하면 이 문제의 실마리를 얻게 된다. 이 적색 편이 현상이 도플러 효과(Doppler effect)로 해석될 때에 은하계의 후퇴 속도는 은하계와 지구 사이의 거리에 비례한다는 사실을 얻을 수 있다. 이 관계를 〈허블의 법칙〉(Hubble's law)이라 하며

$$v = \frac{r}{\tau}$$

로 표현된다. 여기서 γ는 허블의 상수(Hubble's constant)로서 약 10^{10}년으로 관측된다. 만일 v가 빛의 속도 c로 가까워지면서 별과 떨어져 있는 거리가 무한히 먼 경우에는 상대성 이론적 효

과(relativistic effect)가 가미되어 허블의 법칙이 수정되어야 하나, 이 자세한 이론을 차치하고, 간단히 빛의 속도가 별의 후퇴 속도와 같을 것이라 가정하면, 허블의 법칙에 따라서 우주의 유효 반경(effective radius)은 약 c^r 정도의 크기를 가지게 될 것이다.

지금까지 우주가 만들어 내는 관성력을 계산하는 데에 은하계들의 후퇴에 따른 효과를 무시하였다. 은하계의 후퇴 운동으로 말미암아 상당히 멀리 떨어져 있는 은하계가 발생시키는 관성력의 크기가 줄어들 것이라고 생각된다. 이런 현상은 마치 은하계의 밝기가 어두워지는 것과 흡사하다. 만일 한 은하계가 빠르게 후퇴할수록, 다시 말하면 멀리 있는 은하계일수록 관성력의 세기는 점점 더 줄어들 것이며, 바로 이 사실 때문에 모든 은하계가 만드는 관성력의 세기를 계산하는 것은 그렇게 쉬운 일은 아니다. 그러나 여기서 우리는 어림 계산으로도 대충 만족할 수 있으므로, 이 약화하는 현상을 무시하고 그것을 보상하는 의미로 우주의 반지름 R을 c^r로 가정한다. 따라서 R을 10^{28} ㎝, α를 1.5×10^{13} ㎝라 하면 비(7)은

$$2.5 \times 10^{-2} n_H$$

가 된다. 여기에서 n_H의 단위는 원자 수/㎤이며, 이 숫자가 2.5×10^7보다 커야 되기 때문에

$$n_H > 10^9 cm^{-3}$$

이 되어야 한다.

그러나 과연 이것은 타당한 조건일까? 만일 우리가 우주 전체

에서 은하의 물질이 완만하게 분포하도록 한다면 수소 원자의 밀
도는 10^{-7}에서 $10^{-6} \mathrm{cm}^{-3}$ 사이에 있다. 이 값이 비록 불확실하지만,
우리가 요구하는 값보다는 더 많은 물질이 있을지도 모른다(아래
를 참조하라). 그렇지만 어떠한 알려진 물질 형태도 관측되지 않
은 채 $10^{9} \mathrm{cm}^{-3}$의 수소 원자 밀도에 상응하는 은하계 사이의 밀도
를 가질 수 없다. 이런 알려지지 않은 물질 형태를 가정하는 대
신, 관성 유도에 대한 역자승 법칙을 배제하는 것이 더 낫다. 이
법칙은 아주 짧은 유효 구간을 가지므로, 아주 큰 양의 물질이 멀
리 있다고 하는 것만이 국소 관성계에 대한 태양의 영향을 낮출
수 있다. 따라서 우리는 더 긴 유효 구간을 가진 힘을 연구하여야
한다.

역거리 관계

간편하게 거리의 역정수승에 한정시킨다면 다음으로 연구할 것
은 역거리 법칙인데 앞서 관성력의 전기력과의 유사성에 의해 제
안되었다. 멀리 있는 구면은 이제 가까이 있는 것보다 더 중요하
다. 이는 그런 힘의 원천(source)의 수가 각 원천에 의한 힘이
감소하는 것보다는 더 빨리 증가하기 때문이다. 따라서 우리는 우
주의 전체적 효과를 모든 우주의 수소 원자가 우리로부터 c^{τ}만큼
의 거리 안에 모두 있다고 가정함으로써 아주 무시하지 않게 할
수 있다. 원자의 총수는 $(4\pi/3)(c^{\tau})^3 n_H$이고, 따라서 역거리 법칙
에 대한 그 효과[4]는 대략 $4\pi/3(c^{\tau})^2 n_H$에 비례한다. 이제 태양의

---

4) 주(1)을 참고하자.

효과는 $10^{57}/a$에 비례한다. 이 두 크기의 비는

$$(4\pi/3) \times 10^{-57} n_H (c^7)^2 a$$

또는

$$6 \times 10^{12} n_H$$

이 된다. 이 숫자는 2.5×10^7보다 커야 하므로, 우리는 n_H에 대한 다음의 부등식을 얻게 된다.

$$n_H > 4 \times 10^{-6} cm^{-3} = (7 \times 10^{-30} g/cm^3)$$

우리가 예측한 바와 같이 태양이 만들어 내는 관성력의 크기가 훨씬 두드러지기 위해서는 훨씬 작은 물질이 필요하다. 사실 우리가 계산한 최솟값은 놀랍게도 은하계에 존재하는 물질의 밀도를 추정한 값과 매우 흡사하다. 우리의 계산이나 관측은 대충 어림한 것이므로 이 두 값의 차이가 현저하게 있을는지의 여부는 분명치 않다. 그러나 은하계의 내부보다 은하계와 다른 은하계 사이를 이루는 공간에 물질이 더 많이 들어 있어야 한다는 사실을 인정하는 이론의 존재 가능성을 고려하는 것은 매우 흥미롭다. 만일 은하계 사이의 공간에 기체 형태의 물질이 들어있다고 가정하면, 우리는 다음과 같은 문제를 던질 수 있다. 그러면 지금까지 관찰 범위에 벗어나 발견되지 않은 이 기체의 최대 밀도는 얼마일까?

은하계와 은하계 사이의 기체들

만일 은하계 사이를 이루는 기체들의 수소 원자의 형태로 존재하면, 수소들은 멀리 떨어져 있는 은하계 내의 별들이 발생시키는 빛을 흡수하려고 할 것이다. 두 개의 특정한 파장 영역에서 이 흡수 현상이 강하게 일어날 것이다. 그중의 하나는 파장이 21cm인 라디오파(radio wave)로서 수소 원자의 스핀 전향(spin flip)을 일으킨다. 즉 전자와 양성자의 스핀이 반평형 상태(antiparallel state)에서 평형 상태(parallel state)로 바뀌게 된다. 그러나 이런 흡수 현상이 지금까지 발견되고 있지 않다. 이 결과로서 얻어지는 은하계 사이의 공간을 이루는 수소 원자의 밀도의 최댓값은 약 $3 \times 10^{-6} \text{cm}^{-3}$로 추정되며, 위에서 계산한 $4 \times 10^{-6} \text{cm}^{-3}$의 최솟값에 매우 가깝다.

최근에 훨씬 더 정밀한 측정으로 두 번째 범위에 해당하는 파장에 대하여 연구가 진행되었다. 이것은 $1216\text{Å}(1\text{Å}=10^{-10}\text{m})$의 자외선 영역으로 수소 원자의 바닥 상태(ground state)에서 첫째의 들뜬 상태(first excited state)로 수소 원자를 흥분시킨다(라이만 α천이, Lyman α-transition). 보통 이런 흡수 현상은 지상에서는 발견되지 않는다. 왜냐하면 지상에 있는 대기가 이 자외선을 통과시키지 못하게 막기 때문이다. 그러나 만일 자외선을 발생시키는 물체가 충분히 큰 적색 편이를 갖게 되면 이 자외선은 가시광선으로 변하게 된다. 그리고 흡수하는 기체도 큰 적색 편이를 가지게 되면, 흡수가 일어나는 빛의 파장도 적색 편이가 일어난다 〈그림 6〉. 그런 자외선을 발생시키는 준성(準星, quasar) 같은 것이 발견되었으나, 이와 같은 흡수 현상은 발견되지 않았다. 수소 원자는 21cm의 파장의 빛보다 1216Å의 빛을 더 많이 흡수하므로, 바로 이 사실로부터 21cm 파장의 흡수를 하지 않았을 때의 경우보다 은하계 사이를 이루는 공간에 들어있는 수소 원자의 밀도의 최댓값을 훨씬 더 작게 한다. 즉

이 결과로 얻어지는 값은 약 $10^{-12} cm^{-3}$이며 이것은 앞에서 얻은 $10^{-5} cm^{-3}$보다 훨씬 작은 값이다.

그러므로 실제로 은하계 사이를 이루는 수소 원자의 밀도가 $10^{-5} cm^{-3}$이 되어야만 한다고 고집하면, 수소는 원자의 상태가 아니라 이온화되어 있거나 매우 불규칙하게 분포되어 있을 것이다. 만일 불규칙하게 분포할 경우에는 아마도 은하계 덩어리에 주로 구속되어 있을 것이다. 반대로 비교적 균일하고 대부분의 수소가 이온화되어 있다고 가정하면, 10^7개의 수소 중에 약 한 개가 전기적으로 중성인 수소 원자라는 사실을 분명히 할 필요가 있다. 그러면 어떻게 많은 수소 원자들이 이온화 상태를 유지할 수 있을까? 이 문제의 타당한 해답은 아마도 기체들이 충분히 높은 운동 에너지를 가지고 분자들 간의 계속적인 충돌로 이온화가 유지될 수 있다는 사실이다. $10^{-5} cm^{-3}$의 밀도를 가진 기체에 대하여 이온화에 필요한 온도는 $7 \times 10^{5}\,°K$이며 만일 밀도가 커지면 상대적으로 이 온도도 커져야만 한다. 실제로 이 온도는 $7 \times 10^{5}\,°K$보다 커지지 않으며 그 이유는 기체의 온도가 커지면 이 기체로부터 다량의 X광선이 발생되기 때문이다. 그런 X광선은 지구의 대기에 흡수되기도 하고 대기권 위를 비행하는 로켓에 의하여 발견되기도 한다. 외계에서 날아오는 X광선의 최저치로부터 만일 은하계 사이의 기체 밀도가 $10^{-5} cm^{-3}$이면 그 기체의 온도의 상한은 약 $7 \times 10^{6}\,°K$로 추정된다. 이것보다도 약한 세기를 가진 X광선이

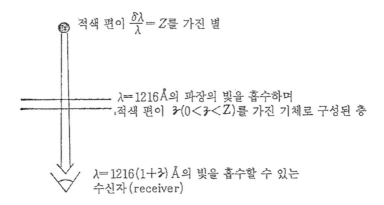

적색 편이 $\dfrac{\delta\lambda}{\lambda}=Z$를 가진 별

$\lambda=1216\text{Å}$의 파장의 빛을 흡수하며
적색 편이 $\mathcal{Z}(0<\mathcal{Z}<Z)$를 가진 기체로 구성된 층

$\lambda=1216(1+\mathcal{Z})\,\text{Å}$의 빛을 흡수할 수 있는
수신자(receiver)

〈그림 6〉 1216Å(라이만-α선)의 파장의 빛을 발생시키고 적색 편이 $\dfrac{\delta\lambda}{\lambda}=Z$를 가진 별의 경우 은하계 사이의 공간에서는 실제로 1216Å과 1216Å(1+Z)Å 사이의 파장의 빛이 흡수된다.

발견되면 그것은 은하계 사이를 이루는 수소 기체로부터 나오는 것이 되며, 그 온도의 상한이 약 $3\times10^{5}\,°\text{K}$임을 추정할 수 있다.[5] 이것은 아마도 이 방법으로 얻을 수 있는 궁극적인 극한치이며, 그 이유는 이것보다 약한 세기를 가진 X광선일수록 쉽게 우리 은하계에 있는 기체에 흡수당하기 때문이다. 그러나 이 방법은 꽤 균일하게 분포한 은하계 사이의 기체의 밀도가 $10^{-5}\,\text{cm}^{-3}$이냐 하는 여부를 테스트하는 데에 충분하다.

따라서 우리는 이 수소 기체의 온도가 $10^{6}\,°\text{K}$ 정도라 하면, 이 기체의 밀도를 $10^{-5}\,\text{cm}^{-3}$로 받아들일 수 있게 된다. 그러면 은하계 사이를 이루는 기체의 온도를 이와 같이 높게 요구하는 것이 이

---

5) 앞서 발견된 세기가 약한 X광선으로부터 은하계 사이에 존재하는 기체의 밀도가 약 $10^{-5}\,\text{cm}^{-3}$이며, 온도가 $5\times10^{5}\,°\text{K}$이라는 사실을 알 수 있다.

치에 맞는 일일까? 이것은 기체로 들어오는 열의 공급에 의존할 것인데 이에 대해서 정확하게 알려져 있지 않다. 그러나 우리가 속해 있는 은하계 내 플럭스(flux)의 10^{-3}에 지나지 않는 우주선 (cosmic ray)이 은하계와 은하계 사이를 지나면서 수소 기체를 이온화하는 데 필요한 온도인 10^6°K까지 상승시킨다고 말할 수 있다. 실제로 은하계와 은하계 사이의 공간을 지나는 우주선의 플럭스는 알려져 있지 않으나 여러 은하계로부터 우주선이 노출되는 양을 대충 계산함으로써 그 비가 약 10^{-3}이라는 사실을 알게 된다.

  비록 앞으로 측정과 관찰을 통하여 균일하게 분포된 은하계 사이의 기체의 밀도가 우리가 계산한 최젓값인 4×10^{-6}㎝$^{-3}$보다 훨씬 작다고 알려지더라도 관성 유도의 $1/r$법칙을 포기할 필요는 없다. 그 이유는 첫째로 우리는 은하계의 덩어리들이 불규칙하게 분포되어 있듯이, 물질들이 불규칙하게 분포되어 있다고 가정할 수도 있다. 이 경우에 천문학자(astronomers)들이 여러 가능한 방법을 시도할지라도, 그 공간을 이루는 기체를 발견하기가 쉽지 않다. 둘째로 우리가 무시한 비선형항(nonlinear term)이 우주의 밀도를 10^{-6}㎝$^{-3}$에 가까운 값으로 낮추게 할 수 있다. 이것은 은하계들을 넓게 펴서 얻은 밀도에 해당된다.

  여기에서 독자들은 잃어버린 질량(missing matter)에 대한 문제를 일으키지 않게 반비례관계보다 훨씬 작용하는 힘의 범위가 긴 힘을 도입하는 것이 더 부정적이지 않은가 생각할지도 모른다. 만일 우주가 실제로 무한히 크고, 우리가 여태까지 사용한 유한한 크기의 우주의 반지름이 적색 편이 현상으로부터 계산될 수 있다고 가정할 때, 작용하는 힘의 범위가 긴 힘을 이용하면 이 유한한 크기의 경계가 모호해지면 전 우주가 만들어 내는 힘은 무한히 크게 되는 데에 이 가정의 어려움이 있다. 은하계 사이의 기체가 가지는 밀도의 추정값이 오늘날의 천체물리학(astrophysics)과 부합되고 비선형향의 효과를 아직 이해할 수 없기 때문에 그런대로 거리와의 반비례 관계를 관성력의 법칙으로 받아들인다.

결론

만일 우주가 7×16^{-30}g/㎤의 크기의 평균 밀도를 가지면 우리의 관성력의 법칙은 임시로 다음과 같은 형태를 가진다.

$$F \propto \frac{m_1 m_2}{r} \alpha$$

제4장
등가 원리

서론

지금까지 우리가 벌여온 토론은 중요한 한 가지 제한을 가지고
있다. 즉 물질의 관성은 원거리 관성 상호작용(long range inertial
interaction)의 가속도에 의존하는 항에서 생겨난다는 것이다. 전
기력의 경우와 같이 관성 상호작용

$$F \propto \frac{m_1 m_2}{r^2} \alpha$$

과 더불어 정지 상호작용

$$F \propto \frac{m_1 m_2}{r^2} \qquad (9)$$

가 있다. 그리고 아마도 속도에 관계되는 상호작용이 있다. 이 장
에서 우리는 정지 상호작용이 존재한다는 가정으로부터 얻을 수
있는 결과를 탐구할 것이다. 독자들이 (9)식으로부터 얻을 수 있
는 결과를 탐구할 것이다. 독자들이 (9)식으로부터 짐작하겠지만
이것은 만유인력의 법칙과 매우 비슷하다. 1907년에 아인슈타인
에 의하여 이것이 확인되었고, 이것을 관성력과 중력의 〈등가 원

리〉(Principle of Equivalence)라고 부른다.

정지 상호작용의 관측

잠시 동안 관성력과 중력의 동일성을 잊어버리고 가상적인 상호작용인 (9)식을 발견할 수 있는지의 여부를 조사해 보자. 그 식은 역자승의 법칙으로 되어 있으므로 우리의 은하계나 다른 모든 은하계 또는 은하계와 은하계 사이의 모든 물질보다 태양이 관성력을 발생시키는 중요한 근원이 된다. 어떤 경우에는 은하계 외부의 물질이 발생시키는 관성력은 대칭성에 의하여 상쇄될 때도 있다. 비슷한 논리에 의하여 지상에 있는 실험실에 작용하는 힘은 태양($m_\odot/a^2 = 9 \times 10^6 g/cm^2)$보다 주로 지구($m_E/r_E^2$=1.5×$10^{10}$g/㎠))에 의하게 된다. 그러므로 우리가 직면하는 문제는 정지 상호작용 (9)의 세기가 충분히 커서 실험적으로 관찰할 수 있는가의 여부로 귀결되는 것이다.

지구의 질량과 중심까지의 거리를 알아도, 비례상수를 모르면 관성력을 계산할 수 없다. 이 문제를 해결하기 위하여 전기력의 경우를 다시 한번 생각해 보는 것이 도움이 된다. 전기력의 경우 정지 상호작용은 쿨롱의 법칙을 따를 것이다.

$$F = k\frac{e_1 e_2}{r^2}$$

여기서 k는 자유 공간(free space) 내의 유전 상수(dielectric constant)이다. 그러면 가속도에 의존하는 힘은

$$F = k\frac{e_1 e_2}{c^2 r}\Theta$$

이 된다. c는 자유 공간 내의 빛의 속도이며, Θ는 관성력을 발생시키는 물체의 운동 방향과 그 물체의 가속도가 이루는 각을 포함하는 힘 사이의 관계를 제시한다〈그림7〉.

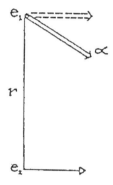

〈그림 7〉 가속 운동을 하는 전하는 시험 전하(test charge) 위에 쿨롱력(coulomb force)외에 다른 힘을 발생시킨다.

관성 상호작용도 이와 비슷한 구조를 가진다고 가정하는 것은 논리에 어긋나지 않는다. 관성에 의한 정지 상호작용은

$$F = \frac{km_1 m_2}{r^2}$$

이며 가속도에 의존하는 상호작용은

$$F = \frac{km_1m_2}{c^2r}\alpha \oslash \qquad (10)$$

이다. 여기서 $\oslash$ 는 각에 의존하는 관계를 나타낸다. 전기력의 경우와 같이 힘의 차원을 만족시키기 위하여 c^2의 인자(factor)가 필요하나 $\oslash$ 는 Θ와 똑같을 필요는 없다. 사실 이 장에서는 어림 계산을 하기 위하여 우선 $\oslash$ 를 1로 놓는다.

관성 질량이 m_2인 정지한 물체 위에 작용하는 모든 관성력을 m_2 α라는 조건을 사용하여 비례상수 k를 계산할 수 있다. α는 그 물체에 대한 모든 은하계의 상대가속도에 해당된다. 따라서 우리는 우주에 존재하는 모든 관성력의 근원 m에 대한 식(10)으로 주어지는 힘 F를 모두 더해야만 된다.[6] 앞에서 우리는 이와 같은 계산을 하였으며, 반지름이 R인 공간에 모든 물질이 균일한 밀도 ρ를 가지고 중심으로부터 거리 R까지 분포되어 있다고 가정함으로써 그 힘을 계산하는 데 조금 과소평가하였다. 이 경우 공간에 들어있는 전 질량은 $(4\pi/3)R^3\rho$가 되며 따라서 가속도에 의존하는 모든 힘을 더한 합은 약

$$\frac{k}{c^2}\frac{(4\pi/3)R^3\rho m_2\alpha}{R}$$

이며 여기서 $\oslash$ 는 1로 놓았다. 이 힘이 m_2 α이 되어야 하므로

---

6) 제3장의 주(1)을 참고하자.

$$\frac{k}{c^2}\frac{4\pi\rho R^2}{3} \sim 1$$

이 되어야 한다. 따라서 비례상수 k는

$$k \sim \frac{3}{4\pi}\frac{c^2}{\rho R^2}$$

로 주어진다.

이제 우리는 c와 R의 값을 비교적 정확하게 알고 있으나 우리의 선형 이론(linear theory)으로는 ρ에 대한 부등식만을 얻을 수 있었다. 즉

$$\rho \gtrsim \sim 10^{-29} g/cm^3$$

이다. 위에 주어진 값을 ρ의 최저치로 간주하면 은하계와 은하계 사이의 공간에 들어 있는 물질은 은하계 안에 들어있는 물질의 거의 100배가 되어야만 한다. 그리고 만일 우리가 계속하여 선형 이론(linear theory)을 고집한다면 이 최솟값을 1차 근사(linear approximation) 한계 내에서 ρ값으로 택할 수 있다. 따라서

$$k \sim \frac{3}{4\pi}\frac{(3\times 10^{10})^2}{10^{-29}\times 10^{56}} \sim 2\times 10^{-7} cm^3/g\,sec^2$$

이 되며 이 값은 비교적 높게 계산된 값이 된다. 이 k의 근사치를 가지고 지구에 의하여 작용하는 힘을 계산할 수 있다. 이 힘은

$$\frac{km_E m_2}{r_E^2}$$

이며 뉴턴의 제2법칙을 따르면 가속도는

$$\frac{km_E}{r_E^2}$$

이 된다.

이 값은 비교적 높게 추정된 것으로 약 $2 \times 10^{-7} \times 1.5 \times 10^{10}\,\mathrm{cm/sec^2}$ 또는 $3 \times 10^3\,\mathrm{cm/sec^2}$이 된다.

이 가속도는 충분히 커서 쉽게 발견될 수 있으며 이미 발견되었을 뿐만 아니라 중력이라는 다른 이름으로 불린다. 따라서 우리는 다음과 같은 결론을 얻을 수 있다. 중력은 정지 관성 작용의 한 부분에 지나지 않는다. 만일 이 결론이 옳다면, k는 바로 뉴턴의 만유인력 상수(gravitational constant)이며 그 정확한 값은

$$k = G = 6.7 \times 10^{-8} cm^3 / g\sec^2$$

으로 알려져 있다. 우리가 앞에서 계산한 값 $2 \times 10^{-7}\,\mathrm{cm^3/gsec^2}$은 비교적 정확하여 선형 근사(linear approximation)이론을 쓰면 위에 주어진 ρ가 이상적인 값임을 알게 된다. 비선형 이론에서의 정확한 값은 아직 알려져 있지 않다.

등가의 원리

관성력과 중력 사이에 밀접한 관계가 있음을 처음으로 제시한 사람이 아인슈타인이었다. 그러나 그는 여태까지 우리가 설명한 방법에 따라서 이 사실을 얻어내지는 않았다. 아인슈타인이 그 문제에 대해 연구할 당시(1905~1915)에는 우주의 구조에 대한 확고한 이론은 전혀 없었다. 사실 우주에는 우리의 태양계가 속한 은하계(Milky Way)만이 있다고 믿었으며, 천문학자들은 단지 우주에 존재하는 모든 물질의 양의 합에 대해서만 약간의 아이디어를 가지고 있었다.

아인슈타인을 놀라게 한 특별히 중요한 사실은 중력이 그 힘이 작용하는 물체의 관성 질량에 비례하기 때문에, 여러 다른 물체에 중력이 작용하더라도 똑같은 크기의 가속도를 발생시킨다는 것이다. 바로 이러한 사실이 비록 현대의 역사가들은 피사의 사탑으로부터 여러 물체를 떨어뜨리는 과정에서 발견되지 않았다고 하지만 어쨌든 갈릴레이에 의하여 발견되었다. 그는 물체의 질량이나 물체 속에 들어있는 물질의 구성(composition)에 관계없이 중력에 의한 가속도는 모두 같다는 사실을 틀림없이 인식하였다. 바로 이 사실을 확인하려고 엄밀하게 실험을 했던 뉴턴을 다시 한번 놀라게 만들었다. 좀 더 정밀한 실험이 베셀(Bessel)과 외트뵈스(Eötvös) 등의 여러 물리학자에 의하여 시작한 이래로 프린스턴대학(Princeton)의 디케(Dicke)와 그의 동료의 최근의 연구에 이르러 절정을 이루었는데 그들은 여러 다른 물질로 이루어진 물체들이 10^{-11}까지 정확하게 모두 같은 크기의 가속도를 갖는다는 것을 발견하였다.

 종류가 다른 물체에 똑같은 가속도를 만들지 않게 하는 전자기력의 작용과 비교하여 보면 중력의 이와 같은 성질은 매우 흥미롭다. 사실 어떤 물질은 전자기적으로 중성이다. 중력과 전자기력 사이의 차이는 갈릴레이 이래로 모든 물리학자들이 인식하고 있었으나 1907년에 이르러 그의 중요성을 알게 되었다.

 그 해에 중력과 같이 힘이 작용되는 물체의 질량에 비례하는 다른 종류의 힘이 존재한다는 사실을 아인슈타인이 재인식하기 시작하였다. 제1장에서 설명한 관성력을 그는 마음속에 두고 있었다. 1장에서 공부한 바와 같이 물체 위에 작용하는 관성력의 크기는 그 물체의 질량에 비례한다. 이와 같은 관점을 가지고 보면 관성력은 중력과 비슷하나, 전기력이나 자기력과 다르다.

 중력과 관성력의 유사성으로 말미암아 두 힘을 구별하기가 어렵다는 사실을 아인슈타인은 이해하였다. 이것은 중력이 전자기력과 구별된다는 사실로부터 쉽게 이해된다. 어느 한 장소에 힘이 작용하는 역장(field of force)이 있으며 그 공간 내에 중력과 전기력이 각각 얼마를 차지하는가 라는 질문을 받았다고 하자. 이 문제에 대하여 우리가 할 수 있는 것은 전기적으로 중성인 물체의 가속도로 공간 내에 존재하는 중력의 크기를 알 수 있다. 이 중력은 전기를 가진 물체나 전기를 가지지 않은 물체에 각각 똑같은 크기의 가속도를 일으킨다. 물체 사이의 다른 가속도의 차이로부터 전기력의 크기를 구한다.

 이제 똑같은 방법을 이용하여 중력과 관성력을 구별하여 보자. 이 두 힘은 모두 작용하는 물체의 질량에 비례하기 때문에 이 방법으로는 이 두 가지 힘을 여간해서 구별할 수 없다. 즉

 이 두 가지 다른 힘으로부터는 측정하려는 물체의 종류에 관계

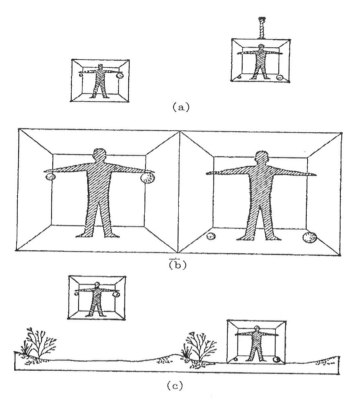

〈그림 8〉(a) 밀폐된 상자 속에 들어있는 사람, 그 상자는 갑자기 줄에
의하여 위로 잡아당겨진다. 그 사람은 상자와 같이 위로 올라가나, 그
공은 여전히 그의 손에 잡혀 있었던 곳에 있을 것이다. (b) 똑같은 현상
을 그 사람을 기준으로 하였을 때의 모습. 그는 관성력이 아래로 작용
함을 느낄 것이다. 이 힘은 그 공에도 작용할 것이며, 물체의 질량이 다
르더라도 각각의 물체에는 똑같은 크기의 가속도를 발생시킨다. 이 가속
도는 그림 a에 있는 사람의 가속도와 크기는 같고 방향은 반대이다. (c)
그 상자 속에 들어있는 사람에게는 똑같이 보이는 다른 상황. 그는 처
음에는 중력을 일으키는 물체를 향하여 떨어지다가 그 물체의 표면에서
정지하게 된다. 그동안 그가 쥐고 있었던 공은 계속하여 똑같은 가속도
를 가지고 바닥으로 떨어지게 된다.

없이 모두 똑같은 크기의 가속도가 얻어진다. 따라서 그 물체에 작용하는 관성력과 중력 크기의 합을 결정할 수 있으나, 그 중의 얼마만큼이 각각 관성력과 중력인지는 알 수 없다.

아인슈타인은 이 사실을 다음과 같이 설명하기를 좋아한다. 중력으로부터 영향을 받지 않는 밀폐된 상자 속에 들어있는 한 사람을 생각해 보자. 그 상자를 줄로 잡아당겨서 그 관성계에 대하여 가속시켜 보자〈그림 8a〉. 그 상자 속에 들어있는 사람은 이 실험을 통하여 자신이 계속해서 정지해 있을 것이라고 생각하겠지만, 그 상자는 틀림없이 비관성계일 것이다. 따라서 관성력이 이 상자에 작용하게 된다. 만일 상자 속에 있는 사람이 들고 있는 물체를 놓으면 곧 그것이 가속될 것이다. 이와 같은 사실로 미루어 보아서 관성력의 존재는 그 사람에게는 자명해진다. 〈그림 8b〉 여기서 강조할 점은 이 가속도가 그가 떨어뜨리는 물체에 관계없이 모두 일정하며, 그 이유는 물체가 받는 가속도가 관성계에 대하여 그 자신의 상대 가속도와 크기는 같지만 방향이 반대이기 때문이다. 이와 같이 끈에 의하여 잡아 당겨지는 대신에 상자에 중력이 작용하더라도 똑같은 현상이 일어난다〈그림 8c〉. 따라서 이 사람은 이 두 가지 경우 중에 어느 경우에 해당하는지 구별할 수가 없게 된다.

지금까지 얻어진 이 결론은 주로 중력에 의하여 질량을 가진 물체가 반응할 때 얻어지는 그 반응의 동질성에 기인한다. 그러나 관성력과 중력을 구별할 수 있는 어떤 다른 근거가 있을 수 있다. 예를 들어 빛의 행동이나 어떤 미시적 수준의 원자 현상(atomic phenomena)을 들 수 있다. 아인슈타인의 업적은 갈릴레이의 실험을 유명한 등가 원리로 부각시킨 데에 있다. 이 원리에 따르면 관성력과 중력을 구별하는 기준이 없음을 보여준다.

우리는 광역적(global)이기보다는 국소적(local)으로 설명함으로써 앞에서의 접근 방식과 이 접근 방식을 구별할 수 있다. 다시 말해서 힘을 발생시키는 근원보다는 힘이 물체에 작용하여 물체에 즉각적으로 생기는 효과에 관심이 있다. 이런 국소적인 관점에서 보면, 중력과 가속도에 의존하는 관성력을 구별할 수 없고, 단지 그들은 똑같은 한 상호작용의 일부분에 지나지 않는다. 따라서 이들 두 힘을 구별하기 위하여 힘을 발생시키는 원천이 가속되는가의 여부를 광역적으로 관찰하여야만 한다. 만일 국소적인 면에서 관찰하면 전기장에서 작용하는 정지 상호작용과 복사(radiative) 상호작용 사이를 구별할 수 없다.

그러나 국소와 광역적인 두 가지 면을 절충한 관점에서 보면 중력과 관성력을 구별하는 한 가지 방법이 있음을 밝히는 것은 또 하나의 중요한 과제이다. 이것은 〈그림 9〉에 나타나 있다. 상자가 지구 표면 위에 정지하여 있을 때 만일 상자 속의 사람이 두 물체를 떨어뜨리면 각각의 물체는 지구 중심을 향하여 움직이며 또한 두 물체는 한 장소인 지구의 중심을 향하기 때문에 서로를 향하여 움직일 것이다.

그 반면에 외계(outer space)에서 줄에 의하여 매달아진 상자 안에서 물체를 떨어뜨리면 두 물체는 서로서로 일정한 간격을 유지한 채로 떨어지게 된다. 달리 표현하면, 중력은 비균일한 반면에 관성력은 균일하다. 그러므로 어떤 공간이 너무나 커서 비균일성을 간과할 수 없을 때 중력과 관성력과의 차이를 그 힘을 발생시키는 근원을 관측하지 않고서도 구별할 수 있게 된다. 따라서 엄격하게 국소적인 관찰을 할 때만 등가의 원리가 성립된다. 이런

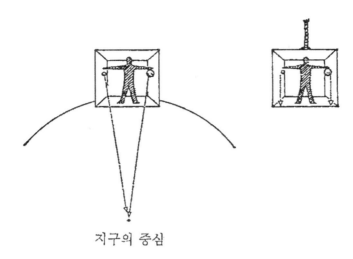

지구의 중심

〈그림 9〉 (a) 지표면에 정지한 사람에게 공 두 개가 떨어진다. 각
각의 공은 지구의 중심을 향하면서 움직이며, 따라서 그 공들은
각각 서로를 향하여 움직인다. (b) 자유 공간 내에서 가속되어지는
사람으로부터 공이 떨어진다. 그들은 평행선을 따라서 움직인다.

제한 조건이 있음에도 불구하고, 이 등가의 원리는 관성력과 중력
사이의 물리적 연관성을 처음으로 시도한 역사적 의미뿐만 아니
라, 과학적으로도 매우 중요한 원리가 된다. 언제나 물리적인 계
(系)에 작용하는 관성력의 효과를 직접 계산할 수 있으며, 매우
작은 비균질성을 고려치 않는다면 이 효과로 〈그림 9〉와 같이 중
력장의 효과를 구할 수 있다. 다음 장에서는 이 방법을 이용한 중
요한 예를 제시할 것이다.

제5장
아인슈타인의 적색 편이

서론

등가 원리의 도움으로 상세한 중력 이론의 도입이 없이도 균일한 중력장에 의하여 일어나는 효과를 계산할 수 있게 해준다. 그러나 비균일장에 의한 효과를 계산하기 위해서는 중력 이론이 필요하다. 그 이유는 균일장은 관성력이 일으키는 것과 같은 효과를 만들어 관성력만을 가지고 직접 계산할 수 있기 때문이다. 이 효과를 계산하기 위해서 관성계에 대하여 물리적인 계가 얼마의 상대 가속도를 가지는가를 조사하여야 한다.

중력과 빛의 파장

이 방법을 이용한 가장 유명한 예는 빛이 중력장 내를 운동하며 빛이 경험하는 파장의 변화를 계산하는 것이다. 〈그림 10〉에서 보는 바와 같이 빛이 실험실의 천정으로부터 밑바닥으로 내려온다고 상상해보자. 실험실의 높이가 불과 10~20피트(feet)밖에 안 되므로, 천장과 바닥 사이의 중력차를 무시할 수 있다. 그러므로 이 경우에는 균일한 중력장이라고 생각하여도 좋다. 바로 이 사실 때문에 실험실에 작용하는 중력장을 없애고, 대신에 빛이 발생할 때 관성계에 대하여 상대 가속도 g를 가지고 실험실이 위로

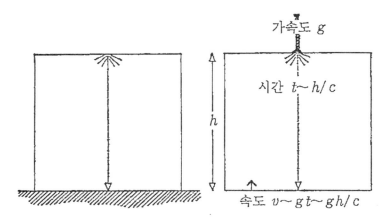

〈그림 10〉 (a) 빛이 지상에 있는 실험실의 천정으로부터 바닥으로 떨어진다. (b) 지구 중력장을 없애버리고 대신에 가속도가 위로 작용하는 동등한 상황, 빛이 밑으로 떨어지는 동안에 바닥은 위로 속도를 가지게 된다.

운동한다고 상상할 수 있게 된다. 등가 원리에 의하여 실험실에서 일어나는 현상은 두 경우에 모두 같다.

이제 실험실의 천정으로부터 바닥으로 떨어지는 빛의 파장 변화를 계산할 수 있다. 만일 실험실의 높이가 h이면, 빛이 운동하는 데 걸리는 시간은 약 h/c가 된다. 실험실의 바닥이 위로 가속되기 때문에 빛이 운동하는 거리는 h보다 짧아지므로 실제로 걸리는 시간은 이것보다 약간 짧게 된다. 우리는 정확한 답을 얻어 내려는 것이 아니므로 이와 같은 복잡성을 고려하지 않을 것이다. 그러나 우리가 무시할 수 없는 것은 빛이 진행하는 동안에 바닥이 위로 향하는 속도를 가지게 된다는 사실이다. 그러므로 실험실 바닥에서 측정되는 빛의 파장에 대한 도플러 효과[7](Doppler effect)

---

7) 《상대성 이론과 일반 상식》을 참고하자.

가 존재할 것이다.

 이 도플러 효과의 크기는 얼마나 될까? 만일 빛이 마룻바닥에 도착할 때 마룻바닥의 속도가 v라면 파장의 변화는

$$\frac{\delta\lambda}{\lambda} = -\frac{v}{c}$$

로 주어진다. 여기서 우리는 도플러 효과의 2차 근사(second order Doppler effect)를 무시함으로써 또 다른 근사 계산을 하였다. 마이너스 부호는 빛을 받는 장치가 빛을 발생시키는 근원을 향하여 움직이므로 파장이 줄어드는 현상 즉 청색 편이(blue shift)를 뜻한다. 속도 v는 마룻바닥이 h/c 시간 동안에 g의 가속도로 가속된다는 사실로부터 구할 수 있다. 그러므로

$$v = \frac{gh}{c}$$

가 된다. 따라서 도플러 효과는

$$\frac{gh}{c^2}$$

의 청색 편이가 된다.

 만일 중력의 관점으로 보면, gh는 빛의 근원과 수신기 사이의 중력에 의한 위치 에너지(potential energy)의 차이라는 것을 알게 된다. 만일 이 차이를 $\delta\varnothing$ 라 하면, 빛이 $\delta\varnothing$ 의 에너지 차가

있는 공간을 움직일 때 파장이 $\delta\varnothing/c^2$ 만큼 변하게 됨을 알게 된다. 이것을 아인슈타인의 적색 편이(Einstein red shift)라고 부른다. 원래 적색이라는 단어는 태양이나 특수한 형태의 별 즉 백색 왜성(white dwarf)으로부터 진행되어 오는 빛과 관계된 효과를 관찰하려는 초기의 시도에서 사용하게 되었다. 이 경우 빛은 중력에 대하여 거슬러서 진행되므로 빛의 파장 변화는 적색 편이가 된다.

태양에서의 아인슈타인 적색 편이

이러한 초기의 시도는 한때 성공적으로 인정되어, 상대성 이론에 대한 오래된 책에서는 이 방법을 널리 인용하였다. 그러나 오늘날 천체 관측은 천체의 복잡한 요인들 때문에 혹은 관측 그 자체의 오차 때문에 이러한 현상을 해석하기가 매우 어렵다. 원리상으로는 이런 효과들이 관측되기에는 충분히 큰 양이기 때문에 이 부정확성은 애석하게 느껴진다. 예를 들어 태양 표면의 위치 에너지는 GM/R이며, G는 만유인력 상수로 $6.7\times10^{-8}\mathrm{cm^2/gsec^2}$이며, M은 태양의 질량으로 $2\times10^{33}\mathrm{g}$이며 R은 태양의 반지름인 $7\times10^{10}\mathrm{cm}$이다. 따라서 위치 에너지는 약 2×10^{15}이다. 태양과 지구 사이의 거리는 $1.5\times10^{13}\mathrm{cm}$이기 때문에 지구 표면에서 태양에 의한 위치 에너지는 약 10^{13}이다. 지구 표면에서 지구 자체에 의한 위치 에너지는 지구의 질량이 $6\times10^{27}\mathrm{g}$이고 반지름이 6×10^{18}이므로 약 10^{12}이 된다. 이와 같은 계산으로부터 지구 표면의 위치 에너지는 태양 표면에 비해 매우 작기 때문에 태양과 지구 표면 사이의 위치 에너지 차는 2×10^{15}이다. 엄격하게 말해서 태양에 의한 중력장은 거리의 제곱에 반비례하여 감소하므로 균일하지 않다. 그러므로 중력장의 비균질성이 빛의 파장에 영향을 미치는 효과를 고려하여야만 한다. 여기서는 간단히 계산하기 위하여 그런 효과가 없다고 가정하였다. 따라서 예상되는 적색 편이는

$$\frac{\delta\lambda}{\lambda} = \frac{2 \times 10^{15}}{c^2} = 2 \times 10^{-6}$$

으로 주어진다.

이것은 매우 조그만 편이에 불과하다. 그러나 태양으로부터 발생하는 빛을 분석해 보면, 파장을 매우 정확하게 분석하고 측정할 수 있는 검은 흡수 스펙트럼선을 관측할 수 있다. 이 스펙트럼선들은 그들을 만드는 화학 원소를 규명할 수 있게 특수한 형태로 나타난다. 태양의 스펙트럼선과 실험실에서 태양의 구성 원소와 똑같은 원소를 만들어 그것으로부터 발생하는 스펙트럼선과 비교해 보면 정말로 적색 편이가 일어나는가를 시험할 수 있다.

그것이 우리의 소망이기도 하였다. 사실 적색 편이는 발견되었으나 그 크기는 빛이 발생하는 태양의 위치에 따라서 변한다. 태양의 중심으로부터 나오는 빛은 가장 작은 크기의 적색 편이를 가진다. 이 현상을 완전히 이해할 수 없으나, 등가 원리와 모순되는 것을 나타내지는 않는다. 여러 가지 다른 천체 물리학적 현상들도 적색 편이 현상을 일으키나, 태양의 위치에 따라 적색 편이의 크기가 변하는 이유는 밝혀지지 않는다. 또한 태양의 위치에 따라서 변하는 스펙트럼의 비대칭성으로 한결 더 복잡해진다. 관찰되는 적색 편이는 틀림없이 아인슈타인의 적색 편이와 크기가

비슷하나, 스펙트럼이 형성되는 물리적 조건에 대하여 확실히 알수 없는 한, 현재의 관측이 바로 등가 원리를 증명하는 결정적인 광학적 테스트(optical test)라고 말할 수 없다.

백색 왜성

등가 원리를 시험하기 위하여 백색 왜성(White Dwarfs)을 이용하려는 시도는 낭만적이었으나 마침내 실망을 안겨다 주었다. 이와 같은 백색 왜성에 대한 시도는 지금으로부터 100년 전으로 거슬러 올라가 별의 거리를 처음으로 측정한 천문학자 베셀(Bessel)이 시리우스(Sirius)가 마치 연성(companion star)의 중력에 의한 상호작용을 받는 것처럼 하늘에서 왔다 갔다 왕복하는 사실을 발견할 당시였다. 1862년에 이 연성은 계산으로 추정된 위치 근처에서 발견되었다. 그 질량은 시리우스에 작용하는 중력의 효과로부터 쉽게 결정될 수 있었으며, 그 크기는 태양의 질량과 흡사하였다. 따라서 그 별은 별로 흥미로웠던 별은 아니었다. 그러나 1915년에 애덤스(Adams)는 간접적인 방법으로 그 별의 반지름을 측정할 수 있었다. 이 방법으로 그 별의 반지름이 태양의 1/50밖에 지나지 않음이 발견되었다. 따라서 이 별을 〈왜성〉(dwarf)이라 불렀다. 즉 이 별의 밀도는 $10^5 g/cm^3$, 또는 $1in^3$ 당 2톤 이상 정도가 된다.

이 사실은 여러 가지 의심을 품게 하였다. 하지만 1924년에 에딩턴(Edington)이, 그런 높은 밀도는 물질의 원자 구조(atomic structure of matter)를 이루는 밀도와 일치 한다는 것을 보임으로써 의문점들을 합리화하였다. 물질을 압축시켜서 높은 밀도를 가지지 못하게 하는 이유는 원자들을 둘러싼 전자구름(electron cloud)으로 이것들이 서로 반발하기 때문이다. 그러나 높은 온도에서는 전자구름이 완자에 구속되어 있지 않고 튀어나온다. 이 현상이 일어나면 원자핵들은 서로 가까워지며, 전자들은 어떤 원자핵에도 구속되지 않고 자유롭게 움직인다.

　이와 같이 물질이 응축된 상태(condensed state of matter)의 발견은 참으로 놀라운 것으로, 등가 원리를 관측으로 확인하려고 노력한 에딩턴에게 하나님이 내려주신 값비싼 선물이기도 하였다. 시리우스 B(Sirius B)는 태양과 질량이 비슷하나, 반지름이 태양의 1/50에 지나지 않으므로 시리우스 B 표면에 생기는 위치 에너지는 태양 표면의 50배만큼이나 크다. 따라서 시리우스 B에 의한 아인슈타인의 적색 편이는 태양보다 50배나 클 것이다. 에딩턴의 주장에 자극을 받아 애덤스(Adams)가 그 적색 편이를 측정하였다. 물론 시리우스 주위를 회전하는 그 별의 운동으로부터 일어나는 도플러 효과를 고려하였다. 이와 같이 절차를 밟고 얻어지는 적색 편이의 값이 이론적 기대치와 매우 흡사하다고 발표하였다.

　이 결과는 곧 여러 교과서에 인용되기도 했고 갈채를 많이 받았으나 불행하게도 엄밀한 관측과 관찰로부터 계속해서 살아남지를 못했다. 후에 보완된 연구로 두 가지 사실을 발견하였다. 애덤스가 계산한 시리우스 B의 반지름을 믿을 수 없었다. 그리고 시리우스 B의 스펙트럼이 시리우스 자체의 스펙트럼과 섞여서 그 편이를 측정할 수가 없었다. 이밖에 다른 종류의 백색 왜성을 가지고 시도한 결과 이와 비슷한 결론을 얻었다.8)

8) 최근에 그린슈타인(Greenstein)과 트림블(Trimble)이 「백색 왜성에 있어서 아인슈타인 적색 편이에 대한 논문」(Astrophysical Journal 149,

실험실의 테스트

1960년까지 이와 같은 실망스러운 분위기가 계속되었다. 1960년에 영국의 하웰(Harwell)과 미국의 하버드(Harvard) 대학 등 두 그룹에서 적색 편이를 측정하려고 시도하였다. 이 같은 실험은 1960년 전에는 완전히 생각할 수 없을 정도로 희망적인 시도가 아니었다. 왜냐하면 수 미터밖에 안 되는 짧은 거리를 중력장 아래에서 빛이 진행하면 $\delta\lambda/\lambda$는 불과 10^{-15}에 지나지 않기 때문이다. 이것은 태양의 적색 편이 보다 10^9만큼이나 작은 것이었다. 그러나 1958년 독일의 젊은 물리학자 뫼스바우어(Mössbauer)가 유명한 발견을 하였다. 그는 어떤 특정한 환경에 있는 고체로부터 파장을 다른 파장과 10^{12}자리 중 1자리까지 정확하게 측정할 수 있는 감마선이 발생한다는 사실을 발견하였다. 반대로 이 감마선은 그와 같은 물질 속에서 그들의 파장이 각각 10^{-12}까지 차이가 나면 구별될 수 있다. 스펙트럼선의 모습을 자세히 측정해 보면, 이 스펙트럼의 폭(width)에 1%만큼만이라도 진동수 편이가 일어나면 실제로 이 편이를 정확하게 규명할 수가 있다. 이것이 바로 실험실에서 아인슈타인 편이를 측정하려 할 때 필요한 정밀도였다.

하웰과 하버드 그룹이 동시에 이 아이디어를 가지고 경쟁하였다. 1960년 2월에 하웰 그룹이 먼저 그들의 결과를 발표하였다. 감마선이 12.5m 높이에서 발사되었다. 이때 이론적인 $\delta\lambda/\lambda$의 값은 1.36×10^{-15}에 해당한다. 그들이 측정한 값은 이 이론치의 0.96 ± 0.45배이었다. 그러나 그들의 결과에는 여러 가지 결점이 많이 들어 있었다. 1960년 4월 케임브리지(Cambridge)의 학부

283, 1967)을 발표했다.

생인 조셉슨(B.D.Josephson)이 감마선을 발생시키는 장치(source) 와 수신 장치(detector)의 온도가 그 실험 결과에 중요한 영향을 미친다는 것을 지적하였다. 감마선을 발생시키거나 흡수하는 원자 는 고체 내에서 진동하며, 이 원자들이 빨리 움직일수록 그 물질 의 온도가 높아진다. 이들 원자의 운동은 그 자체로 도플러 효과 를 발생시킨다. 특수 상대론[9]으로부터 1차 근사의 도플러 효과는 속도에 비례하며 2차 근사의 도플러 효과는 속도의 제곱에 비례 한다는 사실이 알려져 있다. 원자들로부터 감마선이 발생할 때, 원자들이 좌우로 진동하므로 1차 도플러 효과는 서로 상쇄된다. 적색 편이와 청색 편이가 똑같은 크기로 일어나므로 서로 더해지 어 상쇄된다. 그러나 2차 도플러 효과는 감마선을 발생시키는 장 치가 앞으로 가까이 오건 멀리 가건 관계없이 적색 편이를 일으 킨다. 만일 감마선을 발생시키는 장치나 수신 장치가 같은 온도를 가지면 양쪽에 적색 편이가 똑같은 크기를 가지고 일어난다. 그러 나 이 두 가지의 온도가 다르면 양쪽의 편이가 다르게 일어날 것 이다. 만일 이 온도의 차가 $1°$이면, 2×10^{-15}의 편차가 일어난다 는 사실을 조셉슨은 계산하였다. 이 값은 아인슈타인의 값보다 크 므로 매우 정밀한 온도 조절이 필요하다. 그러나 하웰의 실험은 이와 같은 온도 조절을 전혀 고려하지 않았었다.

파운드(R.V. Pound)와 레브카(G.A. Rebka) 등으로 이루어진 하버드 그룹은 조셉슨과는 독립적으로 이와 같은 온도에 의한 효 과를 생각하여 1960년 3월 그 결과를 발표하였다. 또한 실험적으 로 그 효과를 확인하였다. 1960년 4월에 아인슈타인 편이에 대한 그들의 결과를 발표하였다. 그들이 사용한 감마선은 높이가 74ft나

---

9)《상대성 이론과 일반 상식》을 참고하라.

되는 제퍼슨 실험실(Jefferson Physical Laboratory)의 꼭대기에서 발생되었다. 이론적으로 추정된 값 $\delta\lambda/\lambda$는 4.92×10^{-15}이며, 실험적으로 측정치 $\delta\lambda/\lambda$는 $(5.13\pm0.52)\times10^{-15}$이었다.[10] 이와 같이 희비가 엇갈린 후에 마침내 아인슈타인 편이가 발견되었다.

에너지 효과로서의 아인슈타인 편이

앞에서 중력장에 의한 효과를 무시하고 대신 가속되는 줄에 매달려 있는 물리적 계에서 아인슈타인 편이를 계산하였다. 그때에 도플러 효과가 생기며 이것으로 아인슈타인 편이가 일어난다. 이것은 완벽하게 등가의 원리를 응용한 예가 되며, 중력장에 의한 직접적인 작용을 없애게 한다. 만일 물체가 중력장에서 떨어지면 물체는 에너지를 얻는다. 이와 같은 에너지 효과로 가속되는 줄에 매달려 있는 물리적인 계에서도 아인슈타인 편이를 볼 수 있을까?

실제로 이것은 가능하다. 그러나 거기에는 한 가지 조건이 있다. 물체가 에너지를 얻으면 반드시 속도의 증가로 나타난다. 빛의 경우에는 파장의 감소로만 나타나야 한다. 특수 상대론의 입장에서 상대 운동을 하는 두 관측자가 에너지를 측정하려 할 때 무엇이 일어나는가를 생각해 보면 위에 언급한 사실은 조금도 이상하지 않다. 만일 에너지가 물질 형태로 있다면, 두 관측자에게 있어서 물체의 속도는 다르게 보일 것이며 따라서 운동 에너지도

---

10) 파운드와 스나이더에 의한 최근의 실험으로부터 보다 정밀한 정확도 (1%)의 아인슈타인 편이를 발견하였다(Physical Review Letters 13, 539, 1964).

다르게 보일 것이다. 그 반면에 에너지가 빛의 형태로 있으면 빛의 속도는 어디에서나 똑같을 것이며, 다만 빛의 파장이 변할 것이다. 만일 빛을 에너지 E를 가진 입자 즉 광자(photon)라고 생각하면 진동수 ν와 λ는 아인슈타인의 공식11)

$$E = h\nu = \frac{hc}{\lambda}$$

라는 관계를 가지게 된다. 여기서 h는 플랑크 상수로서 두 관측자에게 똑같은 양으로 측정된다. 이 식으로부터 로프가 떨어지면 광자가 에너지를 얻어서 빛의 파장이 감소하게 된다.

광자의 에너지가 중력에 영향을 받는다는 사실은 매우 일반적인 사실 중의 하나이다. 특수 상대론에 의하면 모든 에너지는 관성 질량을 가진다. 또한 등가 원리로부터 그 관성 질량에 작용하는 중력은 관성 질량에 비례하는 사실을 알 수 있다. 만일 이 두 가지 원리를 합치면, 모든 종류의 에너지는 중력에 의하여 영향을 받는다는 사실을 알 수 있다. 이것을 보다 좀 더 공식적인 형태로 진술할 수 있다. 물리적인 계는 관성 질량을 가지므로 에너지를 가지게 된다. 이 관성 질량은 관성력이 작용할 때 가속이 되지 않도록 저항을 한다. 여태까지 우리는 이와 같이 저항하는 경향 즉 관성력으로부터 중력까지를 자세히 더듬어 보았다. 그러므로 모든 형태의 에너지가 중력에 의하여 생긴다고 말하는 것보다 차라리 모든 물리적 계가 중력에 영향을 받으므로 에너지를 갖게 된다고 말할 수 있다.

---

11) 《상대성 이론과 일반 상식》을 참고하자.

제6장
아인슈타인의 장 방정식

서론

　지금까지의 토론에서, 중력-관성 상호작용을 제시해 주는 정확한 법칙을 공식화하려는 시도를 하지 않았다. 속도나 각에 의존하는 힘을 고려하지 않은 채 정지 상호작용이나 가속도에 의존하는 힘의 성분만을 뽑아 생각하였다. 아인슈타인은 이와 같은 상호작용의 모든 성질을 포함하여 구체적으로 운동을 기술하는 일반적인 법칙을 만들 수 있었다. 이 장에서는 어떻게 일반식을 만들어 낼 수 있는가를 배울 것이다. 앞으로 고려할 내용은 위에서 언급한 것 중에 빠뜨린 것을 보완하는 것이 아니라, 오히려 비선형성이라고 불리는 중력-관성 상호작용의 중요한 성질을 알아보는 것으로, 전기력의 경우에는 이러한 비선형성이 존재하지 않는다.

만유인력과 관성 상호작용의 비선형성

　비선형성이 무슨 의미를 가지는가를 알기 위하여, 우선 대조적인 경우로서 전기력이 선형인 경우를 생각해 본다. 이 선형성이란 만일 여러 전하에 의하여 발생하는 전기력을 구하려면 각각의 전하에 의하여 서로 독립적으로 발생하는 힘을 단순히 합치면 된다는 것을 뜻한다. 만일 각각의 힘이 다른 방향을 가지면 〈그림 11a〉와 같이 벡터 합(vector sum)을 해야 한다. 이것은 초급 정력학

(statics)에 나오는 힘의 합성에 관한 평행사변형 법칙(parallelogram law)이다. 즉, 어떤 전하에 의한 힘은 다른 전하의 존재에 따라서 변하지 않는다. 이와 같은 독립성을 가지는 상호작용을 선형적이라 부른다. 그 반면에 여러 물체에 의하여 작용하는 힘이 단순히 각각의 물체가 혼자 있을 때 발생하는 각각의 힘의 합이 되지 않을 때 이 상호작용을 비선형적이라 부른다.

그러면 왜 만유인력과 관성 상호작용이 비선형성을 가지는 것일까? 그 이유는 참으로 근본적인 것이다. 제5장의 끝에서 모든 형태의 에너지는 질량을 가지며, 그것이 중력이나 관성력을 일으키는 원천으로서 작용한다는 것을 알고 있다.

이 사실은 빛이나 물질뿐만 아니라 중력에 의한 위치 에너지의 경우에도 모두 적용된다. 이런 형태의 에너지도 실제적이고도 물리적 의미를 지니고 있다. 즉 총에너지의 보존 법칙에 이런 에너지가 포함되어야 한다. 따라서 물체가 중력의 영향을 받아서 떨어지면 위치 에너지가 소비됨에 따라서 물체는 운동 에너지를 얻게 된다. 에너지가 위치 에너지이거나 운동에너지이거나 관계없이 에너지에 관련된 질량은 중력이나 관성력의 근원으로 행동한다. 힘을 발생시키는 두 물체가 존재하면 각각의 질량과 더불어 두 질량 사이에 생기는 중력에 의한 위치 에너지도 또한 중력이나 관성력의 원천이 된다. 그러므로 〈그림 11b〉에서 같이 여러 힘의 합력이 단순히 각각의 힘을 더하는 합이 아니다.

여러 물체 사이에 일어나는 정확한 상호작용은 매우 복잡한 형태를 갖게 된다. 사실 우리가 앞으로 공부하겠지만, 이와 같은 상호작용을 정확하게 공식화하는 것은 불가능한 일이었다. 우리가 앞에서 계산한 우주에 존재하는 모든 물질에 의한 총관성력이 사

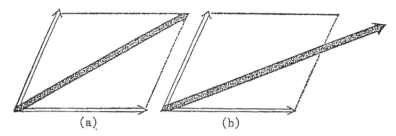

〈그림 11〉 힘의 선형 합성과 비선형 합성 (a)의 힘의 선형 합성 : 이것은 합성에 관한 벡터 법칙이다. (b)힘의 비선형 합성 : 이 경우에 두 힘이 동시에 작용할 때 힘의 합은 벡터 법칙에 의하여 구할 수 없다.

실 옳다고 말할 수 없을 뿐만 아니라 올바르게 수정하기가 여간 힘들지 않다. 단순히 선형 근사를 이용하여 크기가 대략 올바른 값과 비슷하게 하는 것이 우리의 소망이다. 물리적 차원(dimension) 에 입각하여, 선형 이론에 의하여 주어지는 바와 같이 다음과 같은 식을 기대할 수 있다.

$$\frac{G\rho R^2}{c^2} \sim 1$$

오직 오른쪽에 있는 값만이 의심스러울 뿐이며, 정확한 이론에 의하면 3/8π라는 인수를 갖는 것 같다.

이와 같은 어려움 속에서 어떻게 아인슈타인이 중력-관성력의 비선형 상 작용의 모든 성질을 설명할 수 있는 일반식을 만들 수 있었을까? 장론의 관점(field point of view)에서 보았을 때 상호작용의 국소적 성질(local properties)의 표현이 바로 그 해답이 될 것이다. 이런 국소적인 관점을 이용하면 멀리 떨어져 있는 물체들 사이에 일어나는 상호작용의 광역적인 성질(global property)을 원리적으로 계산할 수 있다. 그러나 실제로는 두 물체 중 한 물체의 질량이 다른 것보다 매우 작은 경우를 제외하고는 심지어 두 물체만이 작용하는 간단한 경우에도 정확하게 그 해를 계산하지 못했다. 그럼에도 불구하고 이 장론은 매우 중요하며, 이 장에서 집중적으로 이것을 공부할 것이다.

장에 의한 접근 방법

이 책에서 상호작용을 장과 입자에 의하여 기술하는 두 가지 다른 접근 방법의 차이점을 여러 번 보았을 것이다. 입자에 의한 접근 방법에서는 물체들 사이의 거리에 관계없이 물체들 사이에 작용하는 상호작용의 법칙을 직접적으로 생각해낼 수 있다. 장에 의한 접근 방법에서는 인접한 공간 사이의 상호작용에만 관심을 갖는다. 즉 한 입자는 그 입자의 주변에 존재하는 장에 의해서만 힘을 받는데, 장의 크기는 바로 그 이웃하는 장에 의존하며 또한 그 이웃하는 장의 크기는 다시 그 이웃하는 장에 의존하므로 마침내 또 다른 입자, 즉 그 장을 발생시키는 원천에 의존하게 된다. 언뜻 보면 장론의 관점은 비교적 인위적인 것처럼 보이나 실체로 이 장론은 참으로 유용한 것이다. 특히 시공간 내에서 일어나는 장의 변화를 좌우하는 법칙은 직접적으로 다른 물체들 사이를 관련짓는 법칙보다 간단하다. 실제로 여러 물리 문제에서 이와 같이 간단한 법칙을 자주 사용해서 필요한 해답을 구하기도 한다. 비록 장의 법칙이 복잡하지만 적어도 장의 법칙을 이용하면 표현이 가능할 수 있는 반면에 입자의 접근 방법으로는 표현 불가능한 중력-관성 상호작용에 대하여 위에 언급한 사실이 명확하게 적용될 수 있다.

상호작용의 선형성과 비선형성의 문제를 재고하면서 장에 의한 접근 방법을 공부하기로 하자. 전기력이 가법적(加法的)이라는 사실은 여러 가지의 전하들에 의한 전기장(electric field)은 각각의 원천이 홀로 있을 때 발생하는 각각의 전기장의 합과 같다는 것을 뜻한다. 만일 전하들이 가속되어 운동을 하면, 가속되는 전하들이 발생시키는 장은 빛의 속도를 가지고 전하로부터 전파되어 나오는 전자기파를 포함한다. 만일 그런 전자기파가 전기장이 이미 들어있는 공간에 전파될 때 그 공간이 가지는 장은 단순히 이 전기장과 전자기파의 합이 된다. 다시 말해서 전자기파는 전기장에 영향을 받지 않게 된다. 같은 방법으로 두 개의 파동(wave)이 충돌하면, 각각의 파동은 다른 파동이 없는 것처럼 다른 파동의 영향을 받지 않고 그대로 통과한다. 전자기파는 전기적으로 중성이기 때문에 이와 같은 현상을 일으킨다. 만일 전자기파가 전하를 가지게 되면, 전하들이 전자기적 상호작용을 통하여 움직이듯이 한 파동은 다른 파동의 영향(즉 산란, scatter)을 받는다.

전하의 영향이 서로서로 작용하는 이와 같은 영향은 선형 장론에서 일어나는 예기치 않은 사실이다. 선형 이론에서, 전하는 선형 이론의 법칙에 따라 장을 만든다. 그러나 이 선형 법칙 이상의 다른 자세한 법칙이 주어지지 않는한 이 장은 다른 전하 위에 작용하지 않을 것이다. 그 이유를 이해하기 위하여 어떤 방법으로 운동하는 한 개의 전하의 경우를 생각해 보자. 장의 법칙에 따라 움직이는 전하는 전자기장(electromagnetic field)을 일으킨다. 그리고 또 다른 전하가 또 다른 방법으로 움직인다고 생각하자.

그 전하는 또한 특수한 장을 만들 것이다. 이제 동시에 두 전하가 존재하는 경우를 생각해 보자. 각각의 전하의 운동이 다른 전하의 존재와는 관계없이 그 전하가 홀로 있을 때의 운동과 똑같아서, 그들이 만드는 장이 각각의 장의 합이 되면 바로 장 법칙의 선형성이 증명되는 것이다. 선형성은 바로 한 전하의 운동이 다른 전하의 존재에 영향을 받지 않는다는 것을 뜻한다. 그러한 효과를 알아보기 위해서는 한 전하에서 발생하는 장이 다른 전하에 미치게 하는 또 다른 법칙을 도입해야 한다. 이러한 것들은 중력-관성 상호작용과는 다른 것이다. 이 경우에 장의 법칙은 비선형성을 가지므로 어떤 질량에 의하여 생기는 장은 다른 질량의 존재 유무에 의존한다. 따라서 한 질량은 다른 질량의 존재 유무를 감지할 수 있으며 어떤 다른 법칙의 도입 없이도 장의 법칙만으로 질량들 사이에 작용하는 상호작용을 충분히 결정할 수 있게 된다. 우리가 앞으로 언급하겠지만 여러 가지 부수 조건을 만족할 경우에만 위에 언급한 사실이 옳으며, 아인슈타인의 장의 법칙이 이런 점을 고려하여 만들어졌으므로 이 부수 조건은 자동적으로 만족된다.

전자기장의 경우와 또 다른 점은 가속되는 질량에 의하여 발생되는 중력파는 중력파가 진행하여 나가는 중력장에 영향을 받는다는 것이다. 따라서 두 개의 중력파가 만나면 서로 상호작용을 하여 산란한다. 전자기파는 전기적으로 중성이지만 중력파는 중력의 입장에서는 중성이 아니다. 중력파는 에너지를 운반할 뿐만 아니라 질량을 운반하며, 중력의 근원으로도 행동한다.

조금 다른 과점에서 중력장의 자체 상호작용(self-interaction)을 고려하는 것은 참으로 중요하다. 〈그림 12a〉는 빛의 속도를

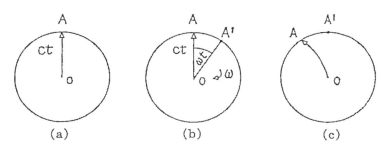

〈그림 12〉 (a) 일정한 속도 c로 움직이는 중력선을 관성계에서 보면 일직선
으로 진행한다. 시간 t동안에 중력선은 점 A가지 ct의 거리를 움직여간다.
(b)각속도 ω로 회전하는 회전계는 시간 t동안에 ωt만큼 회전하기 때문에
처음에 A에 있던 점이 A'로 움직여간다. (c) 회전계에서 보면 A'는 움직이
지 않고 정지하고 거꾸로 중력이 옆으로 구부러져서 점 A에 중력선이 도착
된다. 그러므로 중력선에 코리올리 힘이 작용된다. (〈그림 4〉 참고)

가지고 진행하는 태양 광선과 같이 중력선(gravitational ray)이
진행하는 모습을 보여준다. 〈그림 12b〉는 회전계에서 바라본 중
력선의 진행 모습이다. 〈그림 4〉에서 주어진 입자의 경우와 같이
중력선은 회전하는 계에서 일직선으로 움직이지 않고 휘어지면서
진행해 나간다〈그림13〉. 이 회전계에서 일어나는 편향은 코리올
리 힘에 의한다. 그러므로 관성력이 중력파 위에 작용하며, 만일
등가의 원리가 옳다면, 관성력도 중력파에 작용해야만 한다. 바로
이 사실이 중력의 자체 상호작용이 얼마나 중요하며, 근본적인가
를 보여준다. 이러한 사실로부터 중력이 세상에 존재하는 모든 것
에 영향을 미친다는 것을 여실히 보여준다.

장의 법칙

중력-관성 상호작용에 대한 장의 법칙을 공식화하기 위하여 이 상호작용과는 다른 종류의 상호작용을 관장하는 장의 법칙을 이용할 수 있다. 관성 상호작용이 가지는 특수한 양상에서도 불구하고 다른 종류의 상호작용은 유용한 유사성을 제공한다. 우리가 얻고자 하는 것은 적어도 근사적으로는 질량 사이에 역자승의 정지 상호작용이나 가속도에 반비례하는 상호작용을 제공하는 장의 법칙이다.

뉴턴의 만유인력 법칙은 바로 정지 상호작용에 해당된다. 장의 용어로 표현하면 우리는 중력 퍼텐셜(gravitational potential)을 가지게 되며 어떤 방향을 따라서 변하는 중력 퍼텐셜의 변화율이 바로 그 방향의 중력장에 해당하는 것이다.12) 이 퍼텐셜을 기술하는 장의 법칙은 중력을 발생시키는 원천으로 행동하는 물질의 밀도와 퍼텐셜로 기술되는 미분 방정식의 형태를 가진다. 그것은 보통 〈포아슨 방정식〉(Poisson's equation)이라13) 부른다. 엄밀하게 말해서 이 방정식은 정지 상호작용에만 적용된다. 만일 중력을 발생시키는 원천이 움직이면 중력장의 변화가 빛의 속도를 가지고 움직이는 전자기장의 변화와 같이 전파되어 포아슨 방정식을 〈달랑베르 방정식〉(d'Alemberts's equation)으로 바꾸어야 한다.14)

---

12) 벡터 용어로 표현하면 장은 스칼라 퍼텐셜의 기울기(gradient)이다.

13) 벡터 용어로 표현하면 $\nabla^2 \varnothing = \rho$이다.

14) 벡터 용어로 표현하면 $(\nabla^2 - \frac{1}{c^2}\frac{\partial^2}{\partial t^2})\varnothing = \rho$ 또는 $\nabla^2 \varnothing = \rho$이다.

전자기 이론의 경우에는 두 개의 장, 전기장 E와 자기장 H가 관련되어 있으므로 이 상황이 자못 복잡해진다. 전기장과 자기장은 장의 원천으로 각각 전하와 전류를 가지는 미분 방정식을 만족해야만 한다. 만일 운동하는 상태를 고려하면 이 미분 방정식은 곧 유명한 〈맥스웰 방정식〉(Maxwell equation)으로 바뀌어야 한다. 이 문제를 해결하기 위하여 퍼텐셜을 사용하려면 뉴턴의 이론에서와 같이 한 가지 퍼텐셜을 사용하는 것은 불가능하다. 그 이유는 뉴턴의 경우 퍼텐셜의 변화는 한 가지의 장만을 나타내주기 때문이다. 자세한 전자기 이론에 의하면 네 가지의 퍼텐셜이 필요하다.15) 장의 법칙은 이 4가지의 퍼텐셜로 표현될 수 있으며 각각의 퍼텐셜은 달랑베르의 식을 만족한다.16) 또한 4개의 퍼텐셜을 만드는 원천이 각각 4개가 필요하면이 4개의 원천은 전하 밀도(charge density)와 x, y, z 공간의 성분을 가지는 전류 밀도(current density)이다.

그러면 관성-중력의 상호작용을 기술하기 위해 필요한 퍼텐셜은 과연 몇 개일까? 관성력의 성질을 자세히 연구한 결과 10개의 퍼텐셜이 필요하다는 사실을 알게 되었다. 우리는 전하 사이에 작용하는 전자기 상호작용과 같이 질량들 사이에 작용하는 이와 유사한 상호작용을 만드는 법칙을 찾으려 하므로 10개의 퍼텐셜 각각이 달랑베르의 방정식을 만족할 것으로 기대된다. 그러면 이 퍼텐셜을 일으키는 원천은 무엇일까? 지금까지 질량만이 상호작용

---

15) 벡터 퍼텐셜 $\vec{A}$와 스칼라 퍼텐셜 $\varnothing$이다.

16) $\nabla^2 \vec{A} = J$와 $\nabla^2 \varnothing = \rho$이다. 또한 퍼텐셜은 $\text{div } \vec{A} + \dfrac{1}{c}\dfrac{\partial \varnothing}{\partial t} = 0$의 게이지 조건(guage condition)을 만족하여야 한다. 그렇지 않을 경우 장의 방정식은 더 많은 항을 가지게 된다.

의 원천으로 행동하는 것을 보았는데 이 질량은 단순히 한 가지 물리량에 지나지 않는다. 그러나 만일 질점이 아닌 연속체(extended bodies)의 운동을 다루게 되면, 내부의 응력(stress)이 그 계의 관성에 중요한 역할을 하게 된다. 바로 이 이유 때문에 이 내부의 응력이 장의 원천으로 행동할 수 있게 된다. 이렇게 하여 힘의 원천을 명시하기 위해서는 10개의 양이 필요하다는 사실을 발견하게 된다. 그러므로 10개의 원천을 대표하는 양이 존재하여 각각의 양에 각각의 퍼텐셜이 대응하여 10개의 달랑베르 방정식을 기술할 수 있다.

그러나 이것이 전부는 아니다. 중력장 자체가 에너지와 질량을 가져서, 이것이 또한 중력을 일으키는 힘의 원천임을 상기하여야만 한다. 또한 이러한 원천을 기술하는 10개의 양을 발견하게 되며 분명히 이 10개의 양과 앞에서 언급한 원천을 서로 합쳐야만 한다. 따라서 비선형장의 법칙을 만족하고 자체 상호작용(self-interacting)을 하는 중력장을 가지게 된다.

이런 방법으로 아인슈타인의 장 방정식을 얻을 수 있다. 이 방정식과 맥스웰 방정식 사이에는 다음과 같은 두 가지 다른 점이 있음을 이해하게 된다.

(1) 4개의 퍼텐셜 대신에 10개의 퍼텐셜이 존재한다.

(2) 중력장은 중력을 일으키는 원천으로 행동하는 반면에 전자기장은 전자기력의 원천이 아니다.

한 가지 마지막으로 언급할 것이 있다. 이와 같이 만들어진 중력장의 방정식으로부터 전자기장에서 전하가 보존되듯이 중력장의 원천들이 보존된다는 사실을 발견하게 된다. 이 보존 법칙은 에너지나 운동량 또는 응력의 보존 법칙에 해당한다. 힘을 발생시키는 원천은 물체 자체가 가지는 에너지뿐만 아니라 중력에 의한 에너지를 가지게 되므로 이 보존 법칙으로 물체와 중력장 사이에 에너지가 교환된다. 이것은 마치 떨어지는 물체가 중력에 의한 퍼텐셜이 소비됨에 따라서 물질의 운동 에너지가 증가하는 사실과 비슷하다. 이 보존 법칙은 물체 사이의 만유인력에 의한 상호작용이 이미 장의 법칙에 들어 있음을 확신하게 하는데 필요한 조건이다. 즉 전하 e위에 전기장 E의 작용을 나타내는

$$F = eE$$

에 해당하는 유사한 힘의 법칙이 따로 필요하지 않다. 그러므로 맥스웰 방정식과 세 번째로 다른 점이 있다.

(3) 아인슈타인의 방정식만으로 물체들 사이에 작용하는 중력을 결정할 수 있는 반면에 맥스웰 방정식만으로는 물체 사이에 작용하는 전자기 상호작용을 얻을 수 없다.

.

제7장
태양의 중력장 속에서의 빛의 운동

서론

이제까지의 일반적인 토론을 근거로 하여 아인슈타인의 장 방정식을 얻었다. 이 토론은 정말로 의미심장하여 올바르게 보이나 이것이 과연 정말로 올바른지를 알 수 없으므로 아인슈타인 방정식을 실험적으로 검증하는 것이 바람직하다. 이런 검증 절차는 한 개의 퍼텐셜과 선형의 장 방정식을 기초로 하는 뉴턴 이론 - 자체 상호작용이 아닌 -의 정지 역자승 상호작용의 의미를 넘어서야 하는 것이다. 즉

(1) 10개의 퍼텐셜
(2) 중력에 대한 중력의 영향

의 존재 유무를 직접 실험적으로 확인하는 것이다. 아인슈타인이 이 두 가지 국면을 밑받침하는 증거는 비록 결정적인 것은 아니지만 여러 가지가 있다. 이 장에서는 태양 가까이로 빛이 진행함에 따라 빛이 휘는 사실로써 (1)에 대한 증거를 논의할 것이며, 비선형적인 성질 (2)는 태양 둘레를 회전하는 행성의 궤도운동을 가지고 다음 장에서 논의할 것이다.

관성력과 빛의 궤도

보통 우리는 빛이 일직선을 그리며 움직인다고 생각한다. 우리

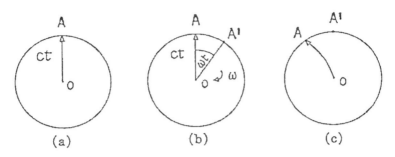

〈그림 13〉 (a) 관성계에서 관찰되는 빛의 운동: 일정한 속력 c로 일직선을 그리며 운동한다. t시간 동안에 그것은 점 A로 ct만큼 이동한다. (b) 각속도 ω로 회전하는 회전계는 t시간 동안에 ωt만큼 회전하여 A가 A'로 움직인다. (c) 회전계에서 A'는 정지한 채로 가만히 있고 대신에 광선이 휘어져서 A에 도착한다. 따라서 코리올리 힘이 광선에 작용한다. (그림 4, 12 참고)

가 빛의 이와 같은 운동을 고려할 때에는 물론 관성계의 개념을 도입할 것이다. 비관성계에서는 빛이 일직선상으로 움직이지 않는다. 관성력 때문에 빛이 구부러져서 진행되며 따라서 중력도 빛을 휘게 할 것이다. 지상의 실험실에서는 지구의 중력이 너무 작아서 빛을 충분히 휘어 운동하게 할 수 없으므로 이 효과를 관찰할 수 없다. 적어도 이 효과를 관찰하려면 천문학적 크기로 문제를 고려해야만 한다.

관성력이 빛에 작용할 수 있는가를 보기 위하여, 회전하는 플랫폼 위에 앉아 있는 관측자를 생각해 보자. 〈그림 13〉에 이와 같은 상황이 나와 있다. 플랫폼의 중심으로부터 발생하는 광선은, 회전하지 않는 관성계에 위치한 관측자에게는 일직선상으로 움직여 보인다. 그러나 회전계의 관측자는 이 광선이 휘어져서 움직여 가게 보일 것이다〈그림 13c〉. 만일 빛 대신에 물체가 플랫폼의 중심으로부터 튀어나올 때 이와 똑같은 현상이 일어난다는 사실이 상기될 것이다.17) 그 물체의 궤도는 분명히 휘어질 것이며, 이 휘는 현상은 코리올리 힘에 의한다. 이 관성력은 분명히 빛에 작용할 것이며 따라서 관성력이 빛의 궤도를 구부러지게 한다는 결론을 맺을 수 있다.

이와 같은 결론은 매우 중요하나 새롭거나 신기한 것은 아니었다. 빛의 궤도가 휘어지는 다른 경우를 우리는 알고 있다. 가장 잘 알려진 예가 빛이 물로부터 공기로 진행될 때 관찰되는 굴절(refraction) 현상이다. 이 현상은 두 개의 다른 굴절률을 가진 물질 사이의 경계면에서 일어난다. 빛이 물과 공기를 진행할 때, 각각의 매질에서는 일직선상으로 진행하여 나간다. 그러나 오직 경계면에서 빛의 진행 방향이 갑자기 변하게 된다. 바로 이 점을 유념하여 관성력의 효과를 설명하면, 아마도 굴절률이 위치에 따라서 변화하는 매질을 빛이 통과하는 것 같다고 말할 수 있다. 그런 매질에서 움직이는 빛은 매끄러운 곡선을 이루며 진행하여 나갈 것이다. 이 사실로 미루어 보아 빛에 작용하는 관성력의 영향을 다음과 같이 기술할 수 있다. 즉 관성력은 공간에다 위치에 따라 변하는 굴절률을 부여하였다.

광학 실험을 통한 회전계 내에서 빛이 굽어지는 현상으로 회전계의 회전 상태를 결정할 수 있다. 1913년에 마이컬슨-몰리(Michelson and Morley) 실험18)의 방법을 회전계에 응용한 실험이 사냑(Sagnac)에 의하여 성공적으로 이루어졌다. 〈그림 14〉에서 그 실험의 얼개를 그려 놓았다. 은(Silver)으로 엷게 도금한 플레이트(반투과 거울)을 사용하면 광선이 두 가지 즉 하나는 회전 방향과

---

17) 또한 중력선(gravitational ray)도 마찬가지이다.
18) 《상대성 이론과 일반 상식》을 참고하자.

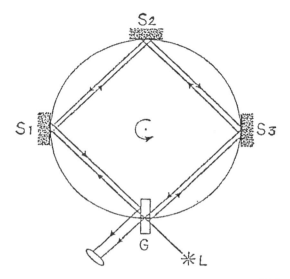

〈그림 14〉 사냑의 실험: 이것은 마이컬슨-몰리 실험을 회전계에 응용한 실험이다. 그 결과는 아인슈타인의 이론과 부합된다. 회전계에서 관성력은 광선을 휘게 하며, 따라서 간섭무늬의 위치를 변화시킨다.

같은 방향으로 진행하는 빛(반사)과 또 다른 하나는 그 반대 방향으로 진행하는 빛(통과)으로 갈라지게 된다. 그러고 나서 이 두 가지 빛을 모아서 간섭 현상(interference)이 일어나게 한다. 마이컬슨-몰리 실험에서 일어나는 현상과는 달리 회전하는 실험 기구에 대하여 두 광선이 가지는 빛의 속도는 서로 같지 않을 것이다. 회전 방향에 대하여 반대 방향으로 움직이는 빛은 보다 빨리 움직일 것이며, 따라서 그 빛이 한 바퀴 되돌아오는 데 걸리는 시간은 짧아질 것이다. 결과적으로 생기는 간섭무늬는 회전 각속도에 의존할 것이다. 사실 이 현상은 사냑에 의해서 발견되었다. 그는 한 실험에서는 약 1m의 지름을 가진 빠른 속도로 회전하는 회전판을 이용하였고, 또 다른 실험에서는 큰 배를 타고 곡선의 궤도로 배를 항해하면서 그 가속 운동의 효과를 발견하였다.

마이컬슨-몰리 실험의 방법은 아주 비슷하게 이용하면 지구의 회전 속도를 발견할 수가 없다. 1925년에 마이컬슨과 게일(Gale)이 이 같은 실험을 수행하였다. 지구가 비교적 천천히 회전하기 때문에 수km의 빛의 경로(light path)를 이용하여야 이 효과를 발견할 수 있었다.[19] 물론 이 경우 회전계의 회전 속력이 0이 되면 간섭무늬의 이동을 발견할 수 없을 것이다. 수km의 빛의 경로를 이용하는 대신에 아주 짧은 거리 사이에 빛이 움직였을 때 생기는 간섭무늬와 위에서 얻은 무늬들을 비교하여 빛이 양쪽 방향으로 움직일 때 거의 비슷한 시간이 걸리는가를 확인할 수 있다.

이 실험의 성공으로 광학 실험을 이용하여 지구가 회전하는 사실을 밝혀낼 수 있음을 보여준다. 관찰되는 것이 코리올리 효과에 의한 것이므로, 마이컬슨-게일의 실험 장치를 푸코 진자의 광학적 응용 장치라고 부를 수 있다. 따라서 관성력이 공간의 위치에 따라 변화하는 굴절률을 부여한다는 개념이 분명하게 되며 만일 중력과 관성력 사이의 등가의 원리 개념이 옳다면, 중력도 역시 공간의 위치에 따라 굴절률을 변화시켜야 한다.

또한 빛—일반적으로는 전자기파—이 에너지를 운반한다는 사실을 고려하면 이 결과가 쉽게 얻어진다. 이 에너지는 질량과 관련되며, 따라서 중력에 의하여 이 효과가 생긴다고 말할 수 있다. 그리고 이제는 이 효과의 크기가 얼마 정도가 되는가를 밝혀야만 한다.

---

19) 최근의 실험에서 레이저(laser)를 이용하여 지구의 회전을 측정하였다.

중력과 빛의 궤도

여기서는 10개의 퍼텐셜을 다루게 된다. 만일 한 가지 퍼텐셜을 가진 뉴턴의 이론에 입각하여 빛이 구부러지는 현상을 계산하면—즉 빛이 지나가는 경로를, 빛의 속도로 가지고 운동하는 질량을 가진 입자의 경로로 생각하면—질량 M으로부터 거리 r에서 발생하는 굴절률은

$$1 + \frac{GM}{c^2 r}$$

이다. 만일 똑같은 계산을 10개의 퍼텐셜을 이용하고 비선형 효과가 작아서—나중에 보겠지만— 무시할 수 있다고 가정하면 굴절률은

$$1 + \frac{2GM}{c^2}$$

이 된다.

지구 표면에서 지구에 의한 값은 $1+2\times10^{-9}$으로 1과의 차이가 너무 작아서 구별할 수 없다. 따라서 아인슈타인은 태양 근처에서 지나는 별로부터 발생한 빛의 진로로 이 효과를 찾아야 한다고 제안하였다.

〈그림 15〉에서 보면 아인슈타인의 제안이 나와 있다. 별 S로부터 발생된 빛이 태양 근처를 지나간다. 그러면 태양의 중력에 의하여 빛의 궤도가 구부러질 것이다. 따라서 지상에 있는 관측자에

게는 별이 태양과 일직선상에 있지 않고 태양으로부터 떨어져 있
게 보일 것이다. 이때 별이 휘어지는 각은

$$\frac{4GM_\odot}{c^2R} \text{ 라디안(radian)}$$

이며 여기서 $M_\odot$는 태양의 질량이며 R은 태양과 빛 사이의 빛이
가장 근지점에 도달했을 때의 거리이다. 뉴턴의 이론에 의하면

$$\frac{2GM_\odot}{c^2R_\odot} \text{ 라디안}$$

이 된다. 그림에서 보는 바와 같이 별은 태양으로부터 멀리 떨어
져 있으므로 별의 광선이 구부러지는 편향각이 별이 어긋나 옆으
로 보이는 각과 거의 같을 것이다.

  만일 R이 작으면, 광선이 태양 표면을 가볍게 스쳐갈 때 생기
는 편향은 커진다. R의 값이 태양의 반지름이 되면 대응하는 아
인슈타인의 각은 1.75초(second)에 해당한다.

  처음에는 이런 크기를 천문학자들이 쉽게 측정할 수 있으므로
매우 고무적이었다. 지구 대기에서 산란하는 태양광선 때문에 별
의 빛을 전혀 볼 수 없다는 사실을 깨닫게 되자 실망의 분위기가
싹트기 시작하였고, 따라서 이러한 현상을 관찰하기 위해서는 개
기 일식(total eclipse of sun) 때까지 기다려야만 하였다. 그런
데 묘하게도 태양의 각 크기(angular size)가 달의 각 크기인
$1/2°$와 같아서, 개기 일식 대의 달은 태양을 완전히 가릴 수 있

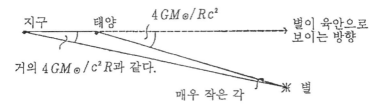

〈그림 15〉 별의 빛의 진로가 태양을 지남에 따라서 휘어진다. 별이 태양
으로부터 멀리 떨어져 있으므로 별의 편향각이 별이 옆으로
어긋나 보이는 각과 거의 비슷하다〈그림 16 참고〉.

어 가까이에 있는 별의 광선을 볼 수 있으며 사진에 담을 수도
있게 된다. 태양으로부터 별이 멀리 떨어져 있으면 있을수록 R이
크게 되므로 편향은 작게 될 것이다. 편향을 조사하려면 태양 가
까이에 있는 별에 대하여 조사해야 한다. 이런 편향을 조사하려면
편향을 조사하려는 별을 밤에 찾아서 빛이 휘어지지 않을 때 그
별의 사진을 담아둘 필요가 있다.

불행하게도 일식을 이용한 일련의 작업은 매우 어렵고 실제 그
것으로부터 얻은 결과는 실망을 안겨주었다. 에딩턴(Eddington)과
다이슨(Dyson)이 1919년 처음 이런 시도를 하였다. 이러한 시도
가 성공적이었다는 보도는 그 보도가 가지는 극적이고 과학적 이
유뿐만 아니라 제1차 세계대전이 끝난 직후 한 독일인데 의해 제
안된 이론을 시험하려는 데에 영국 사람들이 돈을 내고 착수하였
다는 사실 때문에 온 세상을 떠들썩하게 하였다.[20]

20) 1919년 11월 28일 자 영국 런던의 《타임즈》(Times)지에 아인슈타인
은 다음과 같이 기고하였다.
  상대성 이론 덕분에 독일에서는 과학 분야의 유명한 한 독일인이라고 소
개되며, 영국에서는 나를 스위스 태생 유대인이라고 부른다. 만일 내가 별
로 똑똑하지 못하고 징그러울 정도로 못났다면, 그 표현은 거꾸로 바뀌어

에딩턴 자신은 이것을 내가 회고해 보건대「천문학과나 자신이 관련된 가장 흥미로웠던 사건」이라고 논평하였다. 아이러니컬하게도 아인슈타인의 예측은 우리가 기대했던 바와 같이 결정적으로 증명되지는 않았다.

1919년과 1966년 사이에 30번 정도의 일식이 있었는데 관찰할 수 있었던 총 시간은 약 2시간 정도였다(그중에 가장 길었던 개기 일식은 약 7½ 정도였으나 그렇게 길게 개기 일식이 일어나는 것은 매우 드물다). 대부분의 개기 일식은 태양 주변의 별들의 시계가 부적당했거나 일식 시간이 너무 짧아서 이용할 수가 없었다. 그리고 일식이 일어나는 동안의 나쁜 날씨[21]와 불확실한 정치적 환경 등으로 몇 개의 일식을 놓치곤 하였다. 사실 30개 중에서 6개의 일식만이 측정되어 발표되었다.

더욱이 지구상의 한 곳에 임시로 설치된 관측소들의 가지는 매우 어려운 조건하에서, 특별히 짧은 시간 동안에 매우 작은 양을 측정하는 것이 이 작업의 성격이기도 하였다. 더구나 에 태양을 둘러싸고 있는 대기나 코로나가 태양의 광구 면을 살짝 스쳐 지나가는 별빛을 가려서, 지금까지 관측된 태양으로부터 가장 가까웠던 별은, 한 가지 예외를 제외하고 태양의 중심보다 두 배의 태양 반지름만큼 떨어져 있는 곳에 위치한 별이었다. 그 경우에 계산되는 편향의 이론치는 불과 0.87초에 지나지 않는다.

이상적으로는 편향의 존재뿐만 아니라 태양으로부터 떨어진 거

서, 독일에서 나는 스위스태생 유대인이 될 것이며, 영국 사람들은 독일인이라 부를 것이다. [1948년에 발간된 필립(phillip)이 저술한 《아인슈타인; 그의 시대와 생애》 174쪽을 참고하라]
21) 이것이 1954년 내가 겪은 불운한 운명이었다.

관측소	일식 날짜	별의 수	최소 거리 (태양 중심으로부터의 태양의 지름)	최대 거리 (태양 중심으로부터의 태양의 지름)	α (초)	오차 (초)
그리니치 (브라질)	1919 5.29	7 11	2 2	6 6	1.98 0.93	0.16 -
그리니치 (Principe)	1919 5.29	5	2	6	1.61	0.40
Adelaide-그리니치 (오스트레일리아)	1922 9.21	11-14	2	10	1.75 1.42	0.40
빅토리아 (오스트레일리아)	1922 9.21	18	2	10	1.75 1.42	-
리크 I (오스트레일리아)	1922 9.21	62-85	2.1	14.5	1.72	0.15
리크 II (오스트레일리아)	1922 9.21	145	2.1	42	1.82	0.20
포츠담 I (수마트라)	1929 5.9	17-18	1.5	7.5	2.24	0.10
포츠담 II (수마트라)	1929 5.9	84-135	4	15	-	-
스탠버그 (소련)	1936 6.19	16-29	2	7.2	2.73	0.31
센다이 (일본)	1936 6.19	8	4	7	2.13	1.15
여키스 I (브라질)	1947 5.20	51	3.3	10.2	2.01	0.27
여키스 II (수단)	1952 2.25	9-11	2.1	8.6	1.70	0.10

〈표 1〉

리 R에 반비례하는 1/R 관계까지 증명하고 싶었다. 불행하게도
이것은 가능하지 않았으며 모든 관측자들은 하나같이 이 법칙이
성립한다고 가정하여 그들이 관측한 데이터를 이용하여 1/R 관계
를 이해하려고 애를 썼다. 표1에 그 결과와 측정한 날짜가 기록
되어 있다. 그 결과의 의미를 평가하는 것은 참으로 어렵다. 그
이유는 똑같은 사실을 가지고 천문학자들의 모여서 재토의하는
과정에서 다른 결과를 만들기 때문이다. 즉 관찰자들이 얻으려는
값을 그들이 정확하게 예측할 수 없으면, 지상에 발표한 값들이
굉장히 큰 범위의 오차를 가질 것이라고 누구나 의심할 것이다.
천문학의 경우에는 올바른 해답을 이해함으로써 관측된 결과가
측정용 실험 기구의 능력을 능가하여 잘 들어맞는 경우가 많음을
알게 된다.

　이상적으로는 편향의 존재뿐만 아니라 태양으로부터 떨어진 거
리 R에 반비례하는 1/R 관계까지 증명하고 싶었다. 불행하게도
이것은 가능하지 않았으며 모든 관측자들은 하나같이 이 법칙이
성립한다고 가정하여 그들이 관측한 데이터를 이용하여 1/R 관계
를 이해하려고 애를 썼다. 표1에 그 결과와 측정한 날짜가 기록
되어 있다. 그 결과의 의미를 평가하는 것은 참으로 어렵다. 그
이유는 똑같은 사실을 가지고 천문학자들의 모여서 재토의하는
과정에서 다른 결과를 만들기 때문이다. 즉 관찰자들이 얻으려는
값을 그들이 정확하게 예측할 수 없으면, 지상에 발표한 값들이
굉장히 큰 범위의 오차를 가질 것이라고 누구나 의심할 것이다.
천문학의 경우에는 올바른 해답을 이해함으로써 관측된 결과가
측정용 실험 기구의 능력을 능가하여 잘 들어맞는 경우가 많음을
알게 된다.

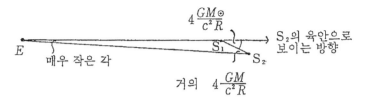

〈그림 16〉이중성 중의 S_1으로부터 나온 빛이 S_2에 접근해 감에 따라서 휘어진다. 이 경우 $S_1 S_2$는 $E S_1$보다 훨씬 작아서 S_2의 각편이는 매우 작다.〈그림 15 참고〉

빛이 휘어지는 현상을 측정하는 여러 가지 방법을 시도하였으나 아무것도 실용적이거나 믿음직스럽지 않았다. 예를 들어 행성인 목성(Jupiter) 주위를 스쳐가는 빛은, 계산에 의하면 0.017초만큼 휘어진다. 이것을 측정하려면 목성으로부터 발생하는 섬광을 없애는 매우 세련된 방법이 필요하다. 어떤 사람들은 빛의 편향 현상을 각각의 별에서 나온 빛이 또 다른 상대방의 별을 스치고 지날 때 이중성(double star)의 궤도로부터 측정할 수 있다는 생각에 빠지기도 했다. 〈그림 16〉을 보면 관측되는 편향이 빛을 발생시키는 물체와 중력의 원천 사이의 거리가 매우 멀고 관측자와 중력을 일으키는 원천과는 매우 가까울 경우에만 아인슈타인의 값을 가지게 한다는 사실을 이해할 수 있다. 그 반대의 경우에는 그 편향의 값이 매우 작아진다.

고안된 레이더 실험

만일 굴절률이 태양 근처에 감에 따라서 변한다는 사실이 옳다면, 라디오파(radio wave)를 이용하여 수성이나 금성으로 발사시켜서 반사되어 돌아오는 시간을 측정함으로써 이것을 시험할 수 있다. 이 시간은 틀림없이 태양의 위치에 따라서 변해야만 하고, 정확하게 측정할 수 있다면 아인슈타인의 굴절률에 관한 공식을 시험할 수 있게 된다. MIT의 링컨 실험실(Lincoln Labs)에서 일하는 샤피로(I. Shapiro)가 이 테스트를 처음으로 고안하였다.[22] 그는 태양에 가까워질 때 만일 아인슈타인의 이론이 옳다면 라디오파가 약 2×10^{-4}초가량 늦게 반사되어 되돌아올 것이라 생각하였다. 그런 현상은 실제로 측정 가능하지만 태양의 코로나와 같은 지연 현상을 일으킬지도 모르는 다른 원인이나 행성의 운동에 대한 불확실성 등으로 신중을 기울여야만 한다. 샤피로는 이것을 자세하게 분석하고 또 재고하였다. 그리고 이 실험이 실제로 가능하다고 밝혔다. 이 책이 나올 당시에 바로 그 실험에 착수하였다.[23]

---

22) I. I. Shapiro, Physical Review 145, 1005, (1966)
23) 예비 결과가 1968년 Physical Review letter에 발표되었다. (PRL, 20. 1265, 1968). 20%의 범위 내에 그 결과는 아인슈타인의 이론치와 일치된다. 다행히도 그 방법은 현저히 개량될 수 있다.

제8장
태양의 중력장 속에서의 행성의 운동

서론

이 장에서 우리는 중력장 자체가 또한 중력을 발생시키는 원천으로 행동한다는 아인슈타인의 개념을 실험적으로 테스트하려고 한다. 우리가 살고 있는 지구라는 실험실은 태양계에 속한 행성으로 이 행성의 운동이 역자승의 법칙을 따르는 거대한 물리적 계이다. 이 운동은 역자승의 법칙에 따라서 정확하게 알려져 있으나 혹시 있을지도 모르는 그리고 상당히 크기가 작은 비뉴턴적 효과(non-Newtonian effect)를 관측하는 것이 우리의 희망이다. 과연 이 크기는 얼마나 될까?

우리가 앞장에서 배운 바와 같이 아인슈타인 방정식은 위에 열거한 모든 사항을 총괄하여 만들어졌으므로 1차 근사를 취하면 바로 뉴턴의 방정식과 일치하게 된다. 1차 근사에 의하면 태양은 역자승의 법칙에 따라 행동하는 중력장을 일으키는 원천이 된다. 그러나 이 장은 또한 중력장의 원천이 되기도 하는 위치 에너지를 포함하고 있다. 이 부가되는 중력장이 또한 중력의 원천이 되며, 이렇게 만들어진 중력장이 또 결합하여 새로운 중력의 원천이 된다. 이와 같이 중력장의 문제가 복잡함에도 불구하고, 태양에 의한 중력장을 정확히 알 수 있다(또는 좀 더 정확하게는, 여기서 태양이라 할 수 있는 구형으로 된 질량의 정확한 중력장). 이것을 아인슈타인 방정식의 〈슈바르츠 쉴트(Schwarzschild)의 해〉라 부른다. 슈바르츠실트 해는 태양과 같이 질량이 분포되어 있는 구형 물체로부터 힘을 받는 빛이나 물체의 운동을 정확하게 결정하여 준다. 이때 빛이나 물체가 거꾸로 공에 작용하는 중력의 반작용을 무시할 수 있어야만 한다. 실제로 뉴턴의 근사식, 즉 뉴턴의 운동 법칙을 이용하면, 행성들에 의한 반작용의 표현이 쉬워진다. 태양의 뉴턴장(Newton field)이 발생시키는 중력장은 너무 작아서 이 중력장을 거의 무시할 수 있다. 바라건대, 태양계의 운동으로부터 가장 관측하고 싶은 것은 아인슈타인 이론의 1차 비선형 근사치 이다.

그러면 이 비선형성이 행성의 궤도상에서 어떻게 나타날 것인가? 여기서 난점은 중력장을 일으키는 여러 원천이 공간에 넓게 퍼져 있으며 이것들이 행성으로부터 멀리 떨어져 있는 한 곳에 위치하지 않는다는 것이다. 만일 행성이 정확한 원 궤도상을 운동하면, 궤도상의 모든 점은 똑같은 크기로 증가한 장을 가지게 될 것이다. 만일 어떤 사람이 아인슈타인 이론을 모른다면, 그 사람은 태양 자체가 단순히 조금 더 큰 질량을 가지고 있다고 가정할 것이다. 그러나 만일 행성의 궤도가 원이 아니고 타원이라면 어느 곳에서는 장의 세기가 커지고, 또 다른 곳에서는 작아지기도 하며 이러한 장의 변화는 역자승의 법칙과는 관계가 없게 된다. 이렇게 역자승 법칙에서 벗어나는 현상이 실제로 행성의 궤도 운동에서 명백하게 나타난다.

근일점의 이동

뉴턴의 궤도 위에 이와 같은 섭동(pertubation)이 어떤 영향을 미칠까? 이와 같은 문제의 해답을 구하기 전에 뉴턴 궤도의 다음과 같은 중요한 성질 즉 궤도는 일정한 시간이 지나면 다시 반복된다는 성질을 이해하는 것이 중요하다. 이 주기성은 역자승의 법칙과 힘이 거리에 비례하는 경우를 제외하고는 존재하지 않는다. 이들 경우를 제외하고는 모든 궤도는 닫혀있지 않고 열려 있다.24) 실제 행성 운동의 경우 역자승의 법칙으로부터 벗어나는 정도가 매우 작아서[즉 그 크기는 약 $(GM/c^2r)\,(GM/r^2)$이다], 태양주위를 타원을 이루며 한 바퀴 도는데 이 타원 자체가 〈그림 17〉과 같이 천천히 움직여 간다.

〈그림 17〉을 보면 타원이 진행하는데 이 진행 방향은 행성 자체의 진행 방향과 같다. 이 타원 운동을 근일점(perihelion)의 운동을 이용하여 나타낼 수 있다. 이때 근일점이란 행성이 태양에 가장 가까이(타원은 행성이 움직이는 방향으로 이동하는데 이때 우리는 그 운동을 근일점의 운동-행성이 궤도상에서 가장 가까이 접근했을 때의 점-으로 표현할 수 있다) 접근하는 점을 뜻한다. 뉴턴의 궤도에서는 즉 뉴턴의 역학 이론에 의하면 이 근일점은 공간 내의 한 점에 고정되어 있으나 아인슈타인의 섭동으로 근일점이 천천히 앞으로 진행한다. 행성이 태양 주위를 한 바퀴 돌 때마다 근일점은 $(3GM/c^2b)\,(a/b)$의 비율로 앞으로 전진한다.25)

---

24) 기준 진동(normal mode)을 잘 알고 있는 독자들은 이 이유를 잘 이해하고 있듯이 이것은 특수한 힘의 법칙을 따르는 행성 운동의 경우 두 기준 진동의 진동수가 같기 때문이다(축퇴, degeneracy). 이 두 진동의 위상이 같고 그 행성이 한 주기가 끝나면 처음 출발한 곳으로 정확하게 되돌아와 궤도가 닫히나, 뉴턴의 법칙에서 조금 벗어나면 축퇴에서 벗어나 두 진동의 위상이 어긋나게 되므로 궤도가 완전히 닫히지 않는다.
25) 이 중의 일부는 실제로 비선형으로부터 생기고, 나머지는 1개의 퍼텐

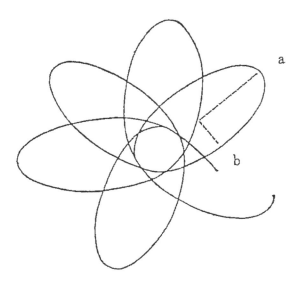

〈그림17〉 태양의 슈바르츠실트장 내에서 움직이는 행성의
궤도, 각 회전 궤도는 거의 타원 궤도에 대응하나, 타원이
회전하여 근일점 – 태양에 가장 가까이 접근한 점 –이 앞
으로 전진한다. 이 그림에서는 실제 행성의 근일점 운동을
과장하였다.

(여기서 a는 타원의 장축의 길이이고, b는 타원의 단축 길이이다).
　이제 우리는 이론으로부터 예측된 계산치와 관측치를 비교하여
야 한다. 〈표 2〉의 두 번째 열은 100년 동안에 행성의 근일점이
전진하는 각을 계산한 $\delta\theta$는 근일점 운동을 쉽게 관찰할 수 있는
척도를 의미하지 않는다. 만일 궤도가 거의 원이라면 궤도상의 근
일점을 찾아내기가 매우 어려울 것이다. 궤도가 원으로부터 벗어
나는 정도가 크면 클수록 근일점과 근일점 이동을 쉽고 정확하게

셸을 10개의 퍼텐셜로 대체함으로써 생기게 된다.

행성	$\delta\theta$(초)	$e\delta\theta$(초)	관측 난이도
수성(Mercury)	43.03	8.847	2.95
금성(Venus)	8.63	0.059	0.03
지구(Earth)	3.84	0.064	0.06
화성(Mars)	1.35	0.126	0.38
목성(Jupiter)	0.06	0.003	?

〈표 2〉

결정할 수 있다. 이 벗어나는 정도를 타원의 이심률(eccentricity)로 결정할 수 있으며, e는

$$b^2 = a^2(1 - e^2)$$

이라는 관계식으로부터 주어진다. 따라서 〈표 2〉의 세 번째 열은 이 이심률과 근일점 이동 $\delta\theta$를 곱한 값을 표시한다. 다행히도 수성은 가장 중심에서 벗어나는 편심 궤도를 이동하는 행성이므로 이 행성은 관측하는 데에 있어서 유리한 점을 갖고 있다.

그러나 한 가지 측정을 어렵게 하는 복잡한 인자가 있다. 그것은 아마도 행성 운동의 측정 난이도와 관련된 제반 문제일 것이다. 명백하게도 수성과 금성은 지구보다 태양 가까이 위치하기 때문에 관측학가 쉽지 않다. 만일 그들이 태양과 가까운 시계선(line of sight) 상을 가로질러 움직이면 관측하기가 매우 어려워지며, 정확도 또한 떨어지게 된다. 그들이 태양으로부터 거리가 멀어지면 멀어질수록 거의 시계선 상을 따라서 움직이게 되므로

행성의 위치를 판별하기 어렵게 된다. 게다가 달의 모양이 차고 이지러지는 것과 같이 행성의 모습도 변화하는 새로운 문제가 야기되므로 정확하게 행성의 중력 중심(center of gravity)이 어디에 있는지를 결정하기 쉽지 않다. 〈표 2〉의 마지막 열에 행성의 근일점 운동에 관한 측정 난이도를 클레멘스(Clemence)가 계산한 계산치가 나와 있다.

　수성(Mercury)이 여전히 행성의 운동을 측정하는 가장 유력한 후보가 됨을 알 수 있다. 수성의 운동에 영향을 끼치는 다른 행성들의 뉴턴 역학에 따른 중력 상호작용을 고려한 이론치와 관측치를 비교해야 하므로 문제가 매우 복잡하게 된다. 이 섭동 현상으로 수성이 정확한 역자승의 법칙을 따르지 않고 수성의 근일점이 앞으로 전진하게 된다. 뉴턴의 방법에 따라 계산한 수성의 운동이 태양의 편구성(偏球性, oblateness)에 의한 효과와 함께 표3에 주어져 있다. 위에 나온 오차는 주로 행성의 질량의 불확실성에 기인하며, 특히 금성의 질량의 경우 더욱 그렇다. 위성(satellite)을 가지고 있지 않은 행성의 경우 그 행성의 질량은 행성들끼리의 운동으로부터 생기는 섭동을 관찰함으로써 결정된다(아인슈타인의 보정값을 무시할 수 있는 행성의 경우).

　1765년과 1937년 사이에 얻어진 관측 자료로부터 수성 근지점의 이동은 $574''.10 \pm 0''.41$로 밝혀졌다. 이 값과 뉴턴 이론만으로 얻어지는 값과의 차이는 $42''.56 \pm 0''.5$이다. 19세기에는 이 값의 차이를 물리학자 누구나 알고 있었으며, 이것을 설명하려는 여러 가지 모델이 많이 나왔었다. 그 모델 중의 아무것도 인정되지 않았다. 이 차이가 $43''.03 \pm 0''.03$라고 예측하는 아인슈타인 이론이 이것을 명백하게 설명한다고 믿게 되었다. 바로 이런 사실이

섭동을 일으키는 행성	섭동(초)	오차(초)
금성(Venus)	277.856	0.27
지구(Earth)	90.038	0.08
화성(Mars)	2.536	0.00
목성(Jupiter)	153.584	0.00
토성(Saturn)	7.302	0.01
천왕성(Uranus)	0.141	0.00
해왕성(Neptune)	0.042	0.00
태양의 편구성[26]	0.010	0.02
합계	531.509	0.30

〈표 3〉

아인슈타인의 비선형 이론으로부터 나왔기 때문에 이 비선형성이 증명된 셈이 된다.[27] 그다음으로 관측하기 쉬운 행성이 화성(Mars)이지만 불행하게도 화성의 운동을 설명하는 뉴턴의 이론에 여러 가지 결함이 있다. 왜냐하면 그 궤도의 회전을 이론적으로 계산할 수 없기 때문이다. 따라서 이 이론을 조금 교정하였으나,

---

26) 태양의 회전 운동을 관측함으로써 태양의 편구성을 결정하였다. 디케(Dicke)와 골든버그(Goldenberg)가 최근에 태양의 시편구성(visual oblateness)을 측정하였다. 만일 태양의 밀도 분포가 같은 편구성을 가진다면 이것에 의한 섭동은 100년 동안에 3″.4이므로 아인슈타인 이론과 관측치는 모순된다. 그러나 아직까지 밀도의 분포가 이 값과 같은 편구성을 가진다고 알려져 있지 않으며 이론적 고찰에 의하면 밀도의 분포는 같지 않을 수도 있다.
27) 보통 생각하는 것보다 태양의 편구성이 더 크지 않는 한 이 생각은 옳다(주(3)을 참고하자).

괄목할 만한 크기의 결과를 얻지는 못하였다.

화성 다음으로 관심의 대상이 되는 것은 지구이다. 여기서는 아인슈타인 효과가 관측되었다는 예비 증거 자료들이 있으며, 행성의 섭동에 관한 자료가 표4에 있다. 지구의 근일점 이동은 $1158''.05 \pm 0.8$로 관측되었으며 따라서 그 차이는 $4''.6 \pm 2''.7$이다. 이 경우 아인슈타인 이론에 의한 이론치는 $3''.84$로 이 차이를 말끔히 제거한다. 그러나 이 경우의 오차는 비교적 크므로 앞으로 그 오차를 적게 하는 것이 바람직하다. 주된 오차의 원인은 수성 질량의 불확실성인데 이것을 얼마 후에 정확히 알게 되면 오차의 크기는 반으로 줄어들 것이다.

이것 이외에 관측 자료와 뉴턴의 이론과의 불일치 현상이 알려지지 않아서 더 이상 아인슈타인 이론의 테스트를 진행할 수 없다.

사실 얼마 동안 금성의 운동에 있어서 불일치 현상에 대하여 학자들이 의심을 품었다. 즉 행성 간의 섭동에 의한 값보다 크게 평면에서 궤도가 일그러질 수 있다는 것이 가능한 것처럼 보였었다. 섭동하지 않은 행성은 평면에 고정되어야 한다는 사실에 따르면 이러한 일은 아인슈타인 이론에 의해 설명될 수 없는 것이었다. 그러나 1995년에 전자계산기를 가지고 행한 계산을 통하여 금성의 궤도가 뉴턴 역학과 조금도 틀림없다는 사실이 증명되었다.

인공위성이 짧은 주기와 큰 이심률을 가졌기 때문에 이것의 궤도를 이용하면 아인슈타인 이론을 좀 더 정확하게 시험할 수 있을지도 모른다. 그러나 불행하게도 지구 중력장의 불균일성과 대기와 같은 섭동인자들은 정확하게 감안하기가 매우 어렵다.[28]

---

28) 최근에 소행성(Asteroid)인 이카루스(Icarus)의 근일점 운동의 아인슈타인 이론치와 20%의 정확도 안에 일치된다는 사실이 알려져 있다. 앞으

슈바르츠실트 해의 의미

이 장의 첫머리에서 행성의 궤도를 비선형 아인슈타인 이론의 1차 근사, 즉 태양의 뉴턴 역학에 따른 중력장으로부터 생기는 중력장에 의한 효과를 이용하여 실제적으로 알 수 있다고 지적하였다. 이 중력장은 서로 비선형으로 결합하여 새로운 중력장을 만들며, 이렇게 만들어진 새로운 중력장은 똑같은 방법으로 새로운 장을 만들 수 있게 된다. 중력장을 일으키는 물체가 완전히 구 대칭을 가진 공이라 가정하면, 그 공 밖의 공간에 있는 모든 점에서의 장을 나타내는 정확한 해가 있다. 이것은 유명한 〈슈바르츠실트의 해〉(Schwarzschild solution)이며 물리적으로 재미있는 상황을 정확하게 기술하는 불과 몇 개 안되는 해 중의 하나이다. 예를 들어 한 개의 물체 대신에 두 가지 물체가 존재할 경우에는 해가 아직 알려져 있지 않다(상대론에 의한 수정을 고려하는 한 행성의 운동에 관한 문제에서 행성의 질량을 무시할 수 있다고 가정한다).

비록 그 해는 실제로 중요하지 않으나, 중력장을 발생시키는 물체에 가까이 접근해 감으로써 비뉴턴적 효과가 커지는 입자의 궤도를 검토해보면 매우 흥미롭다. GM/c^2r이 거의 1에 가까워지게 하는 거리에서 이런 현상이 일어나며, 이때 $(GM/c^2r)(GM/r^2)$의 크기를 가진 1차의 비뉴턴적 편차는 그 물체가 만드는 뉴턴의 중력장과 비슷하게 된다. 이때 2차 이상의 비뉴턴적 효과를 무시할 수 없으므로 정확한 슈바르츠실트의 해를 사용하여야만 한다.

로의 정밀한 관측으로 부정확도를 8%까지 줄일 수 있다(Shapiro, Ash and Smith, PRL, 20, 1517, 1968).

섭동을 일으키는 행성	섭동(초)	오차(초)
수성(Mercury)	-13.75	2.3
금성(Venus)	345.49	0.3
화성(Mars)	97.69	0.1
목성(Jupiter)	696.85	0.0
토성(Saturn)	18.74	0.0
천왕성(Uranus)	0.57	0.0
해왕성(Neptune)	0.18	0.0
태양의 편구성[29]	0.00	0.0
달(Moon)	7.68	0.0
합계	1153.45	2.5

〈표 4〉

태양의 경우 $r = r_c \sim 0.75 km$ 일 때 $GM/c^2 r$ 이 1이 된다. 이 r 은 태양의 내부에 존재하며 따라서 슈바르츠실트 해가 적용이 안 되므로 비뉴턴적 효과는 무시할 수 있다. 그러나 어떤 천체의 경 우 태양보다 질량이 훨씬 크고 빽빽하게 들어차서 r_c 가 그 천체 밖에 위치할 때가 있다. r_c 가 바로 그 천체 표면에 위치하려면 그

---

29) 태양의 회전 운동을 관측함으로써 태양의 편구성을 결정하였다. 디케 (Dicke)와 골든버그(Goldenberg)가 최근에 태양의 시편구성(visual oblateness) 을 측정하였다. 만일 태양의 밀도 분포가 같은 편구성을 가진다면 이것에 의한 섭동은 100년 동안에 3″.4이므로 아인슈타인 이론과 관측치는 모 순된다. 그러나 아직까지 밀도의 분포가 이 값과 같은 편구성을 가진다고 알려져 있지 않으며 이론적 고찰에 의하면 밀도의 분포는 같지 않을 수도 있다.

물체의 평균 밀도는

$$\frac{M}{(4\pi/3)\,(GM/c^2)^3}$$

또는

$$\frac{3c^6}{4\pi G^3 M^2}$$

이 된다. 태양의 질량을 가진 물체의 경우는 이 밀도는 2×10^{17}g/㎤로 핵이 가지는 밀도인 약 10^{15}g/㎤보다 훨씬 크다. 그러나 밀도는 M^{-2}에 비례하기 때문에 평균 밀도가 1g/㎤보다 작고 질량이 $10^9 M_\odot$인 물체는 그 천체 표면에서 비뉴턴적 효과가 강하게 나타날 수 있다. 호일(Hoyle)과 파울러(Fowler)가 그런 천체의 존재 가능성을 제안하였으며 이 천체와 아직도 기원을 알 수 없는 강력한 라디오파를 발생시키는 원천과의 관련성을 주장하였다.

 뉴턴의 이론이 더 이상 적용되지 않는 강한 중력장 내에서 아인슈타인 이론을 적용해 보는 것은 사실상 매우 중요하다. 이 경우에 일어날 수 있는 여러 문제를 고려하기 위하여 그런 무거운 물체에 가까이 접근해 가는 빛이나 입자의 궤도를 연구하여 보자. 놀라운 사실은 어떤 임계 거리(critical distance)에서 그 궤도의 성격이 완전히 변한다는 것이다. 이것은 중심으로부터 거리에 관계없이 물체의 속도에 따라서 원, 타원 또는 쌍곡선의 형태가 결정되는 궤도를 이끌어 내는 뉴턴의 이론과는 매우 다르다. 이와 같은 차이가 일어나는 근본적인 이유는 뉴턴의 이론에서는 빛의 속도 c가 무한히 큰 양으로 가정하기 때문이다. GM/c^2이 0이 되어서 궤도의 성격을 변화시키는 척도가 뉴턴 이론에는 존재하지 않는다.

아인슈타인 이론에 등장하는 첫 번째의 임계 거리는 $4GM/c^2$이다. 이 임계 거리 내에 근일점을 가지는 타원형 궤도는 존재하지 않고 대신에 나선형을 그리면서 그 물체의 중력 중심을 향하여 들어가는 궤도를 가지게 된다. 따라서 그 궤도를 가지며 운동하는 입자는 중력을 일으키는 물체의 크기에 관계없이 그 물체에 포획되고 만다.

두 번째의 임계 거리는 $3GM/c^2$이다. 무한히 먼 곳으로부터 날아오는 입자들이 일단 이 거리 안으로 들어오면 그 물체에 포획되고 만다. 이것은 다음과 같은 사실을 뜻한다. 만일 핵의 전기장을 연구하기 위해서 러더퍼드(Rutherford)가 α입자를 핵으로 발사시켜 얻어지는 궤도를 연구하는 것과 같이 중력을 발생시키는 물체의 중력장을 연구할 때, 이 임계 거리 안의 공간에서의 중력장을 결정할 수 없다는 것을 뜻한다. 왜냐하면 이 거리에 도달한 입자들은 모두 그 물체로 포획되어 중력장을 분석할 수 있게 도와주는 궤도의 모습이 나타나지 않기 때문이다.

빛의 경우에도 임계 거리는 $3GM/c^2$이다. 제7장에서 빛이 구부러지는 현상을 논의하였는데 이때 빛의 궤도는 쌍곡선으로 열려 있는 궤도이다. 그러나 빛은 닫혀있는 궤도상을 운동할 수 있다. 예를 들어 빛은 반지름 $3GM/c^2$의 원주상을 영원히 쉬지 않고 회전할 수 있다. 빛도 입자의 경우와 같이 흡수되는 궤도가 있다. 사실 무한히 먼 곳으로부터 날아오는 빛이 중심으로부터 $\sqrt[3]{3}\,GM/c^2$

의 원주상을 영원히 쉬지 않고 회전할 수 있다. 빛도 입자의 경우
와 같이 흡수되는 궤도가 있다. 사실 무한히 먼 곳으로부터 날아
오는 빛이 중심으로부터 $\sqrt[3]{3}\,GM/c^2$ 떨어진 거리 안으로 들어오면
빛도 나선형으로 진행하여 흡수당하고 만다. $2GM/c^2$ 안의 빛의
궤도는 역전되지 않는다. 사실 이 거리 안에서 발생한 빛은 그 거
리 이상으로 튀어나오지 못하여 바깥세상에서는 그 빛을 볼 수
없다. 정지하고 있는 물체에 대하여 아인슈타인 적색 편이를 고려
하면 이 현상을 이해할 수 있다. 이때 정확한 공식은

$$\frac{\nu'}{\nu} = \sqrt{1 - \frac{2GM}{c^2 r}}$$

으로 5장에서 $2GM/c^2 r$ 이 1보다 매우 작다고 가정하여 근사공식

$$\frac{\nu'}{\nu} \sim 1 - \sqrt{\frac{GM}{c^2 r}}$$

을 사용하였다. 이 공식으로부터 r=2GM/c²일 때 적색 편이는 무
한히 커진다(사실 $r < 2GM/c^2$ 일 때 이 공식은 성립되지 않는다).
따라서 이 임계 거리 바깥에 위치한 관측자들은 그 원천으로부터
어떤 빛도 볼 수 없게 된다. 이 임계 거리를 질량 M 을 가진 물
체의 〈슈바르츠실트의 반지름〉이라 부른다.

한편 큰 질량을 가진 물체의 중력 붕괴(gravitational collapse)
가 일어나는 문제와 관계가 있다. 바로 이 붕괴가 강한 라디오파
를 발생시키는 원천일는지도 모른다는 호일과 파울러의 제안에

따라서 이 문제가 새로운 관심을 끌기 시작하였다. 즉 자기장이나 빠른 속력을 가진 전자의 형태로 에너지가 저장되어 라디오파를 발생시키는 물체가 가지는 에너지는 매우 크며, 아마도 $10^{62} ergs$ 정도일 것이다. 이것은 큰 은하계가 가지는 에너지의 10^{-3}에 해당하며 5×10^7개의 태양이 가지는 에너지와 같다. 그 엄청난 에너지가 일정한 형태를 가진 물체에서 어떻게 빠져나오는가는 아직도 신비의 대상으로 남아 있다. 따라서 이 정도 크기 또는 그 이상의 질량을 가진 물체들이 우주 내에서 서로 모여서 응집 운동 (coherent behavior)을 할 것이라고 암시한다. 즉 호일과 파울러의 제안에 의하면, 그런 크기의 질량이 동시에 붕괴되면 그 과정에서 빠져나오는 중력의 에너지의 일부가 잘 알려져 있지 않은 방법으로 전자를 가속시키거나 자기장의 크기를 증가시킬 수 있다. 이와 같은 현상이 라디오파를 발생시키는 천체와 어떤 관련성이 있는지의 여부는 분명하지 않지만, 그 관련성이 있게 되면, 아인슈타인 이론은 이 천체 물리학적 현상을 명백하게 설명하여 준다. 사실 질량이 빽빽이 들어찬 물체의 경우 아인슈타인 이론에 의하면 이 물체는 슈바르츠실트 반지름을 지나 밀도가 거의 무한

대에 이를 때까지 $G\rho^{-\frac{1}{2}}$ 정도의 시간 동안에 함몰이 일어나 상당히 축소될 수 있다(여기서 ρ는 초기의 밀도이며, ρ가 $1g/cm^3$이면 이 시간은 1시간 정도에 해당된다). 여기서 말하는 시간은 붕괴하는 물체 위에 앉아 있는 관측자가 측정하는 시간이며, 실제로 외부에 있는 관측자에게는 그 천체가 함몰되어 $2GM/c^2$라는 슈바르츠실트 반지름에서 사라질 때까지 무한히 많은 시간이 걸리게 보인다(이것을 알기 위해, 아인슈타인의 적색 편이에 지배를 받는 시간의 진동을 가진 원자시계를 관측 대상 물체의 표면에 놓고

외부에서 관측자가 시계를 보고 있다고 생각하면 쉬울 것이다).
비록 이러한 현상이나 초상대론적 현상이 잘 알려져 있지는 않지
만 이런 현상이 알려지게 되면, 아마도 이것이 아인슈타인 이론을
충분하게 테스트할 수 있는 분야가 될 것이다.

제9장
시공간의 곡률

서론

지금까지 이 책에서 우리는 중력과 관성력의 상호작용을 두 가지 다른 측면—입자 사이의 상호작용과 장에 의한 상호작용—에서 고려하였다. 앞으로 마지막 장인 이 장에서는 세 번째의 측면인 기하학적인 관점에서 이 문제를 고찰할 것이다. 일반 상대론을 둘러싼 여러 가지 신비로움이 유클리드 기하(Euclidean geometry)를 포기함으로써 생겨난다. 이 장에서 이러한 신비로움을 말끔히 걷어버리고 쉽게 이 이론을 이해할 수 있도록 하는 것이 우리의 바람이다.

절대 공간에 대한 뉴턴의 제1장에서의 토론을 상기하면 기하학적 고찰과의 관련성을 즉각 이해할 수 있다. 제1장에서 뉴턴의 관점을 빌면 관성력이 공간에 의하여 물질에 작용하는 힘이라는 사실을 알 수 있다. 즉 공간, 다시 말해서 기하학이 동력학(dynamics)에서 매우 주요한 역할을 한다는 사실이다. 뉴턴 역학에 의하면 공간의 성질은 고정되어 불변한다. 즉 공간의 성질은 절대적이며, 공간이 내포하는 물질과는 무관하다. 물질은 공간에 반작용을 하지 않으므로 공간이 가지고 있는 물질에 의하여 공간의 기하학적 성질이 변하지 않는다.

사실 이 책을 통해 뉴턴의 이러한 관점에 도전해 왔다. 간단히 말해서 관성력이 입자들의 상호작용뿐만 아니라 장을 매개체로

하여 발생한다는 사실을 공부하였다. 그러나 만일 우리가 원한다면, 뉴턴이 사용한 언어를 인계받아서 위의 사실을 표현할 수 있다. 즉 물질이 공간에 힘을 작용시킨다는 사실을 거꾸로 인식하면, 공간이 물질에 관성력을 작용시킬 수 있다고 말할 수 있다. 사실 제7장에서 언급한 장(field)은 공간의 동력학적인 성질을 기술한다고 간주할 수 있다.30)

이제 어느 한 물체의 가까이에 질량을 가진 물체가 존재하지 않는 경우를 생각하면 중력과 관성력의 상호작용에 의한 장(중력-관성력장)은 바로 관성력에 의해서만 발생하는 장(관성력장)으로 환원된다. 즉 뉴턴의 이론에 의하면 중력과 관성력이 모두 존재하지 않는 관성계에서는 공간의 기하가 유클리드 기하학을 따르게 된다. 이 공간의 기하는 아주 멀리 떨어져 있는 질량에 의하여 만들어진다. 그러나 어느 물체 가까이에 다른 물체 사이의 상호작용을 고려할 경우, 생성되는 장의 비균일성으로 중력과 관성력은 어디에서나 0이 되는 계는 존재하지 않는다〈그림 9〉. 이 경우 공간의 기하는 더 이상 유클리드 기하학을 따르지 않을 것이다.

이 장에서는 위에서 주어진 말의 의미와 그 결과를 배우게 된다. 이제부터 비유를 들면서 그 문제에 접근해 보자.

가열된 원판의 기하학

어떤 물리학자가 제조업자가 둥글다고 주장하는 금속으로 만든 원판에 관심을 가지고 있다고 가정해 보자. 그는 이것이 실제로

---

30) 특수상대론을 잘 알고 있는 사람들은 여기서 언급한 공간이 바로 시공간을 뜻한다는 사실을 인식할 것이다.

정확한 원인가의 여부를 조사하기 위하여 원판의 둘레와 반지름을 측정하여 그들 사이의 관계가 2π 또는 $6.28\cdots$이 되는지의 여부를 밝히려 한다. 그는 〈그림 18a〉와 같이 조그만 자를 가지고 신중하게 사용하기 때문에 측정 오차 없이 정확하게 그 둘레를 측정할 수 있다. 이렇게 조심스럽게 측정하였음에도 불구하고, 그가 얻은 관계가 기대했던 값인 2π보다 훨씬 작은 것을 알고 그는 화가 치밀었다. 그래서 이 원판이 완전한 원이라고 했던 제조업자의 말을 떠올리고, 그들에게 항의 편지를 쓰려는 참이다. 사실 태양은 그 원판 위에 불규칙하게 비치며 원판의 중심은 그늘에 가려서 가장자리보다 온도가 낮았다. 이 특수한 원판은 강철과 니켈의 합금인 인바(invar)로 되어 있어서 열에 의한 팽창을 거의 무시할 수 있다. 그러나 원판이 가지고 있는 열이 자로 전달되어 자가 팽창을 하게 된다. 더욱이 자를 가지고 가장자리를 잴 때보다 중심을 지나는 반지름을 재려 할 때 이 자의 팽창은 조금 낮아진다. 그는 이 자의 팽창이 그의 기대치보다 작은 결과를 만들었다고 생각하여 원판의 온도를 측정하여 필요한 수정을 가하였다. 그리고 제조업자의 말이 정말로 옳다는 사실 즉 원판은 완전히 원형을 가진다는 사실을 알아냈다. 이것은 실험 물리학자가 가져야만 할 중요한 지침을 보여주는 예이다. 즉 측정 도구를 당연하게 받아들이지 않는 것이다. 만일 그들이 사용하는 측정도구를 경솔하게 너무 옳다고 인정한다 하더라도 과연 그렇게까지 엄청난 결과가 나올 수 있을까? 만일 어떤 물리학자가 자신이 사용하는 자는 매우 정확하여 수정을 가할 필요가 없다고 생각한다면 어떻게 될까? 그 경우에 물론 가열을 받은 원판의 둘레와 반지름의 비가 유클리드 기하에 의한 기대치와 다르다는 사실을 발견하게 된다.

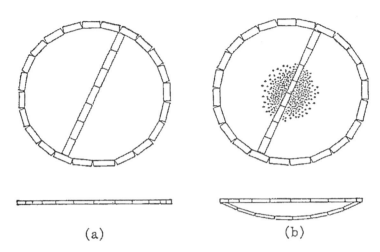

(a)   (b)

〈그림 18〉 (a) 원판 위의 어느 곳에서나 온도가 일정할 때의 원판을 자로 측정한다. 위의 그림은 원판의 단면이 평평한 것을 나타낸다. (b) 원판의 중심이 가장자리보다 온도가 낮을 경우이다. 원판 자체는 평평하나, 원판의 중심 근처에서는 자가 조금 수축되어 반지름이 실제의 길이보다 길어 보이기 때문에 마치 원판의 단면이 굽은 것처럼 나타난다. 이렇게 나타난 곡률이 이 원판의 기하가 비유클리드 기하학을 따른다는 사실을 보여준다.

그 반면에 원판은 여전히 원일 것이다. 그 이유는 중심으로부터 그 원판의 가장자리까지 거리가 어디에서나 똑같기 때문이다. 즉 이와 같은 측정에 의하면 그 판의 반지름이 어디에서나 똑같기 때문에 원이라 부를 수 있는 원판이 유클리드 기하에 따르지 않고 비유클리드 기하에 의한 반지름과 원둘레 사이의 관계식을 가질 수 있다는 사실을 발견하게 된다. 따라서 측정하는 사람이 수정하지 않은 자를 가지고 측정할 때 원판의 기하는 비유클리드 기하임을 주장할 수 있다〈그림 18b〉.

  19세기 중엽 이후, 여러 수학자들이 비유클리드 기하학을 연구

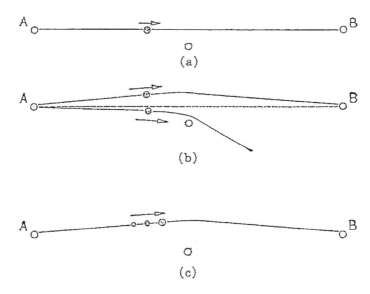

〈그림 19〉 (a) 중력이 없을 경우 운동하는 물체의 궤도. A, B 사이의 거리는 통과 시간으로 측정할 수 있다. (b) 중력이 존재할 경우의 물체의 실제 궤도. A, B 사이의 통과 시간은 통과하는 거리 사이에 존재하는 물체에 의한 중력에 따라서 변할 수가 있다. (c) 서로 질량이 다른 물체도 똑같은 궤도 위를 움직인다. A, B 사이의 통과 시간은 모두 같다. 따라서 A, B 사이의 거리도 모두 같게 된다.

해 왔기 때문에 비유클리드 기하학이 가지는 성질을 잘 알고 있다. 위에서 주어진 예를 이용하면 원주상의 둘레와 반지름 사이의 비가 바로 이것에 대응할 것이다. 이때 이 값은 유클리드 기하학에서 주어지는 2π와는 다를 것이다. 이러한 차이가 바로 원판 위에 존재하는 온도의 분포와 관계되므로 이것을 숫자로 표현할 수 있다는 것은 참으로 중요하다. 즉 유클리드 기하에서 벗어나는 양과 그 물체의 물리적 상태 사이와의 관계를 가질 수 있기 때문이다.

　실제로 물리학자들은 이러한 상황을 별로 좋아하지 않는다. 그 대신에 언제나 자기들이 사용하는 도구의 열에 의한 팽창을 수정하기를 고집한다. 부분적으로 이런 비유클리드 기하학을 배우기 싫어서 이런 수정을 하기도 한다. 그러나 그들의 그런 자세에는 이것보다 더 의미심장한 이유가 있다. 만일 여러 다른 물질로 이루어진 자를 가지고 원판을 측정해 보자. 이 자들은 각기 다른 비율로 팽창을 하게 되어 각각 다른 값을 기록하게 한다. 따라서 이 차이를 자에 알맞게 수정시켜서 거의 똑같고 합리적인 값을 맺게 한다. 그러나 다른 방법을 이용하여 측정하는 도구에 어떤 수정도 가하지 않는다고 하자. 그러면 비유클리드 기하학으로 얻어지는 값은 원판 내의 온도뿐만 아니라 그가 사용하는 자에 의존한다. 그러므로 원판의 기하는 원판의 열적 상태의 고유한 성질뿐만 아니라 사용하는 자의 성질에 관련된다. 바로 이런 사실은 매우 불편하므로 보통 사용하는 방법을 바꾸어서 비유클리드 기하학의 도입을 권장하지 않는다.

　만일 사용하는 자가 모두 똑같이 팽창하면 비유클리드 기하학의 사용 도구는 훨씬 커지게 된다. 왜냐하면 자들이 가지고 있는 온도에 관계없이 그들은 모두 똑같은 값을 가지기 때문이다. 따라서 온도에 의한 효과를 수정하지 않는 자를 이용하여 측정한 원판의 기하는 원판의 온도에만 의존하지, 자를 이루는 물질과는 전혀 관계가 없다. 그러므로 원판의 상태를 기술하는 유용한 도구로써 비유를 리드 기하학의 관점을 받아들이는 것은 의미 있는 일이다.

　사실 종류가 다른 물질로 이루어진 자들이 서로 다른 양만큼 팽창하는 사실을 알기 때문에 이러한 관점은 참으로 이상적이다.

그러나 원판을 떠나서 공간에 있는 기하를 측정하려 할 때 이런 관점은 더 이상 이상적이 아니다. 이때 공간의 구부러짐 또는 왜곡을 일으키는 것은 온도가 아니라 중력이 될 것이며 이 중력에 의하여 자들도 똑같이 왜곡될 것이다. 실제로 자로는 조그만 짧은 거리를 측정하기 때문에 좀 더 사실적인 측정 기구를 이용하여 이 중력의 성질을 설명하기로 한다. 속력을 알고 있는 물체가 한 곳으로부터 다른 장소로 움직여 갈 때 걸리는 시간으로 두 점 사이의 거리를 결정할 수 있다. 실제로는 빛이나 라디오파를 이용하지만 이해를 돕기 위해 자 같은 물체를 등장시킨다.

우리가 사용하는 〈자〉들이 중력에 의하여 휘는 현상은 매우 이해하기 쉽다. 〈그림 19〉에서 보는 바와 같이 그들의 운동은 중력의 영향을 받는다. 따라서 한 장소에서 다른 장소로 움직이는 데 걸리는 시간도 중력의 영향을 받을 것이다. 이런 현상을 다루는 한 가지 방법으로 측정된 시간을 정확하게 수정하여 〈자〉에 끼치는 중력에 의한 교란(disturbance)을 허용하는 것이다. 그 결과로 얻어지는 두 점 사이의 거리는 유클리드 기하를 따르게 될 것이다.

그 반면에 또 다른 한 가지 방법은 어떤 수정도 가하지 않음으로써 물체 위에 작용하는 중력의 영향을 무시하는 것이다. 이때의 기하학은 비유클리드 기하학[31]이 될 것이다. 그러나 우리는 갈릴레이의 실험과 등가의 원리를 통하여 모든 물체는 똑같이 중력에 의해 영향을 받는다는 사실을 〈그림 8〉에서 배웠다. 따라서 두 점 사이의 거리에 대하여 그들은 모두 똑같이 수정되지 않은 결과를 가지게 된다. 이 사실은 공간의 기하를 이해하기 위하여 척

---

31) 주 (1) 참조하자.

도로서 무슨 물체를 사용하든지 관계없이 비유클리드 기하학의 양은 모두 같다는 사실을 뜻한다. 즉 공간의 기하는 그 공간이 가지는 중력 상태의 독특한 성질을 뜻한다.

관성력 그 자체가 원래는 중력으로부터 생긴다는 사실을 기억하면 이런 관점을 확신할 수 있게 된다. 따라서 관성력이 작용할 때 공간32)을 이루는 기하는 비유클리드 기하학이 된다. 이런 관점을 이해하기 위하여 회전하는 원판의 기하학을 고려하여 보자.

회전하는 원판의 기하학

만일 원판의 중심에서 회전하지 않고 정지해 있는 관성계 내에 있는 관측자가 보았을 때, 원판이 회전하지 않으면 원판의 원주상에 있는 모든 점은 중심으로부터 모두 같은 거리 r을 가지게 된다. 따라서 유클리드 기하에 따라 원주상의 길이는 $2\pi r$이 된다. 이제 원판이 관성계에 대하여 일정한 각속도 ω로 원판의 중심을 회전축으로 회전한다고 가정하여 보자. 이제 회전판 위에 정지해 있는 막대기를 이용하여 이 원판의 반지름을 측정한다고 하자.

회전하지 않는 관성계에 있는 관측자가 측정하는 이 막대기의 길이는

(1) 막대기가 가지는 가속도

(2) 막대기가 가지는 속도

에 영향을 받는다. 이 가속도 때문에 막대기에 장력(tension)이 작용하게 된다(사실 회전판의 회전 속도가 매우 커지면 막대기는 가속도에 의한 힘을 받아 분열을 일으키게 될 것이다). 문제를 간

---

32) 여기서 말하는 공간은 시공간(space-time)을 뜻한다.

단히 하기 위하여, 막대기는 매우 단단하고 회전 속력이 비교적 크지 않아서 막대기에 작용하는 장력으로 막대의 길이를 현저하게 잡아 늘이지 못한다고 가정한다. 그러나 속도에 의한 효과는 매우 다르다. 특수 상대론에 의하면 막대를 이루는 물질의 종류에 관계없이 속도에 의한 효과는 모든 막대의 경우 모두 똑같다. 그러나 우리가 고려하는 경우는 속도의 방향과 막대기가 수직을 이루므로 그 효과는 0이 된다. 따라서 이 막대는 마치 관성계에 있는 것과 똑같은 길이를 가지게 된다. 게다가 원판도 막대만큼 단단하여 회전 장력에 의한 팽창을 무시할 수 있다면, 원판의 반지름은 회전하지 않는 관성계에서 가지는 값과 같은 값이 r을 가지게 될 것이다.

그러나 원판의 원둘레의 길이는 어떻게 될까? 원둘레 위에다 매우 짧은 막대를 얹어 놓음으로써 충분히 정확하게 그 둘레의 길이를 측정할 수 있다. 만일 조그만 막대들이 회전판 위에 정지하고 있으면 관성계에 있는 관측자는 막대들이 가지는 가속도가 속도에 의한 효과를 생각하여야만 한다. 전과 같이 가속도에 의한 효과는 무시될 수 있으나 속도에 의한 효과를 고찰하여야만 한다. 이때 막대는 막대가 놓여있는 방향으로 wr의 속도를 가지고 움직인다. 따라서 특수 상대성 이론에 의하면 이 막대의 길이는 $\sqrt{1 - (\omega^2 r^2/c^2)}$ 만큼 짧아지게 될 것이다. 막대를 정지한 회전판 위에 놓아서 얻어지는 원둘레의 길이가 l이라고 하면, 회전하는 회전판의 원둘레는 $l\sqrt{1 - \dfrac{h^2 r^2}{c^2}}$ 이 된다. 관성계에 위치한 관측자는 공간의 기하가 틀림없이 유클리드 기하라는 사실을 알고 일정한 반지름 r을 가지고 있기 때문에 회전하는 회전판이 여전히 원처럼 느낄 것이다. 따라서 다음과 같은 관계식이 성립된다.

$$l\sqrt{1 - \frac{\omega^2 c^2}{c^2}} = 2\pi r \qquad\qquad (11)$$

이제 회전하는 원판을 정지한 것처럼 보이게 하는 비관성계를 한 번 다시 생각해 보자. 이 비관성계에서의 원판의 크기를 측정하기 위하여 위에서 기술한 막대로 되어 있고 이 비관성계에서 정지하고 있는 자를 사용하여 보자. 앞에서 배운 바와 같이 중심을 통과하는 막대의 길이는 비관성계나 회전하지 않는 관성계의 경우에나 모두 같게 될 것이다. 즉 그 길이는 여전히 r이 될 것이다. 이때 원판의 원주상의 모든 점은 중심으로부터 똑같은 거리에 있기 때문에 회전계에서도 원판은 여전히 원이라고 말할 수 있다. 비관성계에서 원주를 따라서 놓여 있는 막대는 정지해 있으며 그 길이는 l이라고 하자. 그러면 (1)식으로부터

$$l = \frac{2\pi r}{\sqrt{1 - \frac{(\omega r)^2}{c^2}}}$$

이 된다. 따라서 원판의 원둘레와 반지름은 유클리드 관계를 따르지 않을 것이다. 즉 회전하는 원판의 기하는 분명히 비유클리드 기하일 것이다. 이것은 우리가 관성계에 있지 않고 비관성계에 있으므로 관성력으로 생겨나는 소산물이다. 따라서 관성력의 존재로 말미암아 공간33)의 기하가 유클리드 기하에서 벗어나게 되며, 이 벗어나는 크기는 관성력의 크기에 의하여 결정된다(위의 경우 벗

어나는 정도가 $1/\sqrt{1-\dfrac{w^2r^2}{c^2}}$ 이며 관성력은 원심력으로 w^2r에 비례한다).

관성력으로 인하여 공간의 기하가 비유클리드 기하학을 따르게 된다는 아이디어에 대한 있을 법한 반대 제안을 생각해 보아야만 한다. 즉 관성력이 우리가 측정할 때 사용하는 기구를 휘게 하므로, 만일 이 휘는 양을 적절하게 수정하면 비유클리드 기하를 버리고 여전히 유클리드 기하를 고집할 수 있기 때문이다. 사실 물리학자들은 온도, 전기장 또는 자기장 등등 여러 가지 원인에 의하여 생기는 측정 기구의 휘는 양을 수정하여 올바른 값을 얻는다. 그러나 이 경우에 수정 인자(correcting factor)는 측정 기구를 휘게 하는 원인의 크기나 성격뿐만 아니라 측정 기구 자체가 가지는 어떤 성질에도 의존한다. 관성력에 의한 효과를 따질 경우에만 왜곡의 크기는 모든 것에 대해서 같다. 즉 이 값의 모든 기구의 종류에 관계없이 일정하다. 따라서 이와 같이 공간이 휘거나 비틀리는 현상이 측정 기구에 의하여 일어나지 않고 공간에 의하여 생긴다고 가정하면 공간의 크기를 결정하는 기구가 무슨 종류이든지 관계없이 똑같은 성격을 갖는 기하학을 가지게 된다. 실제로 이것은 상황을 설명하는 데 있어 매우 편리한 것이다.

관성력뿐만 아니라 중력이 존재할 때에도 우리는 이와 비슷한 결론을 가질 수 있다. 등가의 원리에 의하면 가까이에 위치한 여러 물체로부터 발생되는 중력장이 측정 기구의 종류에 관계없이 일정하게 휘거나 비틀리게 하므로 그것을 이용하는 기하는 비유클리드 기하가 되며 측정 기구와는 전혀 상관관계가 없다. 다음

---

33) 이때의 공간은 전과 같이 시공간을 뜻한다.

절에서 유클리드 기하로부터 벗어나는 크기를 결정하는 방법을 배울 것이다. 여기서는 중력과 관성 상호작용에 의하여 발생되는 장이 우주 공간을 휘거나 구부러뜨리는 개념을 주장함으로써 얻어지는 이점을 강조하고 싶다. 아인슈타인의 장 방정식은 이 비틀림의 크기와 그 장을 일으키는 원천 즉 물질이 가지는 관성과의 관계식을 나타낸다. 이 방정식으로 중력과 관성력에 의하여 생성되는 장 내에서의 물체의 운동을 결정할 수 있다. 우리가 배운 용어로 재표현하면, 구부러지거나 만곡된 공간 내에서 벌어지는 물체의 운동은 이 방정식으로 결정된다. 이제 우리가 사용하는 측정 기구도 이러한 물질로 이루어진 물체이므로 측정 기구의 행동도 장의 방정식에 따라서 결정된다. 그러므로 아인슈타인 방정식은 두 가지 중요한 역할을 한다. 장 방정식은

(1) 물질의 분포에 따라서 생성되는 공간의 기하학을 결정할 수 있다.

(2) 이런 물질로 이루어진 척도를 사용하여 측정하는 공간의 기하는 이런 물질에 의하여 생성되는 공간의 기하와 일치한다는 사실을 확신하게 만든다.

그러므로 마하의 원리를 병합하여 하나의 함축성을 가진 이론으로 만들기 위하여 아인슈타인이 오랫동안 쌓아올린 금자탑을 바탕으로 일관성 있는 아름다운 그림 하나를 가지게 되었다.

곡률과 비유클리드 기하학

이제 우리가 마지막으로 하여야 할 일은 수학적으로 유클리드 기하학으로부터 벗어나는 편차의 크기를 결정하는 방법을 이해하

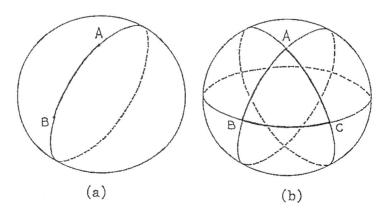

〈그림 20〉 공의 표면상에서 일직선과 삼각형 : (a) 공의 표면상에 있는 두 점을 잇는 최단거리는 두 점 사이를 잇는 대원의 호(arc)이다. 이것은 평평한 표면상의 일직선에 대응한다. (b) 구면 삼각형

는 것이다. 이것을 정확하고 충분하게 논의하는 일은 참으로 어려운 일이지만, 2차원의 문제만을 생각하게 된다면 그것은 참으로 간단해진다. 이미 앞에서 비유클리드 기하의 2차원적 측면을 배웠다. 즉 회전하는 원판의 둘레를 관성계에서 측정하면 $2\pi r$이 아니라는 사실이다. 이 경우 이 차이를 이용하여 유클리드 기하학과의 편차의 크기를 측정할 수 있다. 앞으로 논의하겠지만 보통은 약간 다른 방법을 이용하여 이 문제에 접근해 간다.

먼저 어떤 주어진 공의 표면을 생각해보자. 비유클리드 기하학의 성질을 이용하면 공표면의 특성을 설명할 수 있다. 〈그림 20a〉에서 보는 바와 같이 공의 표면상의 임의의 두 점 사이를 잇는 최단거리는 그 두 점을 지나는 대원(great circle)상에 있다.[34]

34) 공표면 위에 있는 대원은 공이 가지는 반지름과 같은 반지름을 가지고 있다.

그런 대원은 평평한 평면 내에서의 일직선과 비슷한 성격을 가진
다. 평면상에 존재하는 삼각형과 유사하게 〈그림 20b〉와 같이 공
표면에 있는 3개의 대원을 이용한 구면 삼각형을 만들 수 있다.
이와 같은 구면 삼각형(spherical triangle)의 내각의 합은 평면
삼각형이 가지는 값이 180°보다 크다. 이같이 180°보다 커지는
양이 바로 유클리드 기하로부터 벗어나는 양을 뜻한다. 이 편차가
공이 작아지면 작아질수록 커지게 된다. 즉 평면으로부터 구면이
더욱더 굽어진다는 것이다. 가우스(Gauss)는 이렇게 얻는 구면
삼각형의 면적이 한없이 작아지면 이 편차가 공표면의 곡률[35])에
다 삼각형의 면적을 곱한 것과 같다는 사실을 발견하였다. 따라서
이 곡률은 유크리드 기하학으로부터 벗어나는 정도가 얼마인가를
나타내는 척도이다.

　2차원 표면이 구부러져 있다는 뜻이 무엇인지를 쉽게 이해할
수 있다. 그 이유는 이런 표면이 3차원의 유클리드 공간 위에 놓
여 있기 때문이다. 따라서 이 곡률의 의미는 또한 자명해진다. 이
똑같은 이름의 곡률이 3차원의 비유클리드 공간[36])에 주어질 때,
이 개념은 혼동된다. 따라서 공의 표면이 가지는 곡률이 그 표면
의 독특한 성질이라는 것을 소중히 기억하여야 한다. 그것은 우리
가 3차원 공간에 살면서 3차원 공간 위에 놓여 있는 공을 볼 수
있는 사실과 아무런 관계가 없다. 즉 어떤 공 표면에만 구속되어
움직이는 2차원의 벌레가 구 삼각형의 내각의 합을 구함으로써
공간이 구부러져 있는지 알 수 있다. 똑같은 방법으로 3차원 공
간의 곡률은 공간을 측정함으로써 얻을 수 있는 또 하나의 독특

---

35) 곡률의 정의는 반지름의 역자승이다.
36) 4차원 공간을 뜻한다.

한 성질이다. 공간의 상대론적 곡률이란 중력이 물체의 운동에 영향을 끼치는 것이며, 만일 이 중력에 의한 효과를 무시하면 그 물체에 의하여 측정되는 공간의 기하가 비유클리드 기하가 되는 것을 뜻한다. 물리학자들이 이런 관점에 매력을 느끼는 점은 측정하려고 사용하는 도구에 의존하지 않는 비유클리드 기하학이 가지는 양 즉 곡률 때문이다.

어떤 면에서 보면 이와 같은 공에 관한 문제는 매우 단순해진다. 즉 예를 들어 공은 어디에서나 똑같은 곡률을 가진다. 그 반면에 위치에 따라서 곡률이 변하는 표면을 상상할 수 있다. 공간의 곡률이 양수값 일 때가 있는 반면에 어떤 공간에서는 음수값일 때가 있다.[37] 어떤 경우에는, 예를 들어 쌍곡면—hyperboloid - 쌍곡선을 그 축으로 회전하여 얻은 면—같은 말안장 형태의 곡면을 가지는 경우도 있다. 2차원 공간에서의 곡률은 각 점에서 한 가지의 양으로, 3차원에서는 여섯 가지의 양으로, 4차원 시공간에서의 곡률은 20개의 양으로 정의된다는 사실을 알아둘 필요가 있다. 이 경우의 수학은 난해하지는 않지만 반면에 매우 정교하다.

기하학 형태로서의 아인슈타인 방정식

기하학적 용어를 빌어 아인슈타인 방정식을 설명하면 이 식은 공간이 가지는 비유클리드 기하의 성질과 물질의 관성을 연결시켜 준다고 말할 수 있다. 즉 공간의 곡률과 관성력을 일으키는 원천 사이의 관계를 제시하여 준다. 아인슈타인이 사용한 수학이 이

---

37) 사실 회전하는 회전판은 (원둘레/반지름)2π이므로 음수값의 곡률을, 뜨거운 원판은 (원둘레/반지름$\langle 2\pi$)이므로 양수값의 곡률을 가진다.

해하기 어렵고 복잡하기 때문에 이것을 피하려는 의도에서 어떻게 그가 이런 방정식을 얻었는가를 보이는 일련의 작업을 설명하지 않았다. 단지 제6장에서 논의한 바와 같이 비선형 방정식을 얻었다는 사실로 충분하다. 사실 그 방정식은 처음에는 기하학적인 방법을 사용하여 얻어졌다. 장이나 입자에 의한 접근 방법은 그 이론의 물리적 중요성을 깨닫게 하기 위해 후에 고안되었다.

그러면 우리는 다음과 같은 문제에 당면하게 된다. 장, 입자, 기하학적인 측면 중에서 어느 것이 가장 올바르고 좋은 것인가? 그것은 우리가 고려하는 문제의 성격에 따라 달라진다. 만일 마하의 원리를 탐구하려고 할 때는 입자에 의한 관점이 가장 좋을 것이며, 중력에 의한 국소적 현상을 이해하려면 장에 의한 방법이 가장 좋을 것이다. 좀 더 엄밀하게 아인슈타인 이론이 내포하는 내용을 이해하려면 기하학적인 방법이 가장 좋을 것이다. 기하학적 측면이 가지는 아름다움, 수학적 함축성 등은 일반적인 탐구에는 필수 불가결한 존재인 것이다. 그러나 상대성 이론을 연구하는 학자들은 이 세 가지 측면을 모두 사용하여야 한다.

- 에필로그 -

우주끈(cosmic string) 이론의 간단한 소고

김수용

 최신의 우주 이론은 탄생 직후의 우주가 경험한 상전이(phase transition)의 흔적인 우주끈의 존재를 예언하고 있다. 이 이론에서 예측하고 있는 끈이 어떻게 현재의 우주 모습을 결정하고 있을까? 유럽과 미국의 과학 잡지에는 때때로 "동물원"(zoo)이라는 표현이 등장한다. 이때 동물원이란 〈입자 동물원〉(particle zoo)이나 〈우주 동물원〉(cosmic zoo)을 뜻한다. 1960년대에 대형 입자 가속기가 출현하여 그 이전의 소립자 이론에서는 설명되지 않았던 입자들의 속속 발견되었다. 이 상황을 물리학자들은 괴로운 마음을 머금은 채로 〈입자 동물원〉이라 불렀다.

 원래 천체라고 하면 태양과 같이 빛을 발하는 항성과 항성의 집단인 성단, 은하와 은하의 집단을 일컫는다. 그러나 근래에 이르러 전자파의 관측 기술이 향상되어 우주의 창이 넓어져서 예전에는 알지 못했던 새로운 상황이 일어났다.

 제2차 세계대전 중에 맨해튼(Manhattan) 계획으로 원자폭탄 개발의 이론적 지휘를 했으나, 대전 후에 매카시 선풍의 희생양으로 알려졌던 오펜하이머(Oppenheimer)가 이론적으로 블랙홀의 존재를 예언하였을 때, 그것은 단순히 허망한 생각이라고 여러 사람이 거들떠보지도 않았다. 그러나 오늘날에는 어느 것 하나도 확

증은 얻어지지 않았으나, 블랙홀의 존재를 의심하는 사람은 거의 없으며 우주를 이야기할 때에 빠지지 않는다. 블랙홀 이외에도 중성자별, 각종의 폭발 은하와 펄사(pulsar), 퀘이사(quasar) 등등의 존재가 천체 물리학의 문제로 등장하게 되었다. 이것을 총칭하여 〈우주 동물원〉이라 부른다.

본론에 들어가기 전에 먼저 집고 넘어갈 문제가 하나 있다. 이것은 우주끈과 물리학에서 최근에 클로즈업되는 초끈(super string)과의 차이이다. 우주끈이나 초끈은 모두 끈이라고 부르는 점은 서로 같으나, 출생의 경위나 등장하는 장면은 서로 다르다. 예를 들어, 시간적 전후 관계에서 보면 후자는 플랑크 시간 이전의 우주의 주역을 맡는 역할을 하는 대신에 전자인 우주끈은 플랑크 시간의 후, 즉 우주 개벽으로부터 10^{-36}초 후에 일어나는 우주의 상전이를 뜻한다.

빅뱅 이론에 의하여 우주가 탄생한 후 우주의 크기가 1㎝일 때의 시공간으로부터 우주끈이 시작된다. 물리학자들은 이 시대를 대통일의 시대라고 부른다. 물리학자들은 단순하고 간단한 법칙을 만들기를 좋아한다. 즉, 17세기 뉴턴이 F=ma라는 간단한 식을 통하여 천체의 운동과 지상에 있는 물체의 운동을 종합하여 완벽하게 설명하였다. 한편 20세기에 들어와서 아인슈타인의 상대성이론과 새로이 탄생한 양자 역학에 의하여 역학의 적용 범위를 넓혔다. 이와 같은 단순화를 추구하는 물리학자들에 의하여 발견된 존재가 있는데, 그것은 힘이다.

자연계에는 기본적으로 4가지 종류의 힘 또는 상호작용이 있다. 중력, 전자기력, 강력 그리고 약력이 있다. 그중에 강력과 약력은 모두 원자핵보다 작은 세계에서나 작용하는 힘이기 때문에 우리에게 미치는 영향은 거의 없다. 이 중에 강력은 핵자 즉, 원자핵을 구성하는 양성자와 중성자를 결합시키고 있다. 다시 말하면, 핵자의 구성 요소인 쿼크 등을 결합시키는 힘이다. 약력은 원자핵이 전자와 뉴트리노를 방출하면서 다른 원자핵으로 변할 때 작용하는 힘이다. 물리학자의 눈에는 이러한 네 가지의 힘이 원래 한 가지의 단순한 존재이었으나, 어떤 원인에 의하여 다른 형태로 갈라졌다는 사실로 보일지도 모른다. 따라서 물리학자들은 이러한 네 가지의 힘을 일체화시키려는 노력을 그치지 않는다.

아인슈타인과 19세기의 덴마크의 물리학자 외르스테드 이후의 물리학자들의 이러한 꿈은 최근 20년간 크게 발전되었다. 1967년 하버드 대학의 와인버그와 트리에스크 국제 이론 물리학 센터의 파키스탄 물리학자인 살람이 전자기력과 약력의 통일에 성공하고 1973년에 하버드 죠지와 글라쇼우의 두 사람이 이 두 가지 힘에 다시 강력을 추가하여 통일하는 데 성공하였다. 두 개의 힘을 통일하는 이론은 단순히 힘의 통일 이론이라 부르고 세 개의 힘의 통일은 힘의 대통일 이론(GUT=Grand Unification Theory)이라 부른다. 힘의 통일이란 두 가지 이상의 힘이 물리적이나 수학적으로 동일한 표식 방법으로 주어진다는 것을 의미하며 그런 힘 사이에는 동일한 뿌리로 파생되어 서로 구별되지 않는다는 것을 말한다. 통일 이론에서는 전자기력과 약력의 구별이 없고 대통일 이론에서는 강력까지도 서로 구별되지 않는다. 그러나 이와 같은 힘의 통일은 간단히 실현되지 않는다. 이것이 실현되려면 어떤 조건, 즉 온도가 필요하게 된다. 이론에 의하면 힘의 통일을 위하여 10^{16}K, 힘의 대통일에는 10^{28}K라는 고온이 필요하다. 현재 중력을 포함하여 네 개의 힘 전부를 통일하려는 초통일 이론 연구가 계속되고 있으며 아마도 10^{36}K까지 온도를 높여야만 실현되는 것으로 알려져 있다. 이와 같은 힘의 통일 과정을 역으로 밟게 되면 한 개 한 개씩 힘이 다른 형태로 갈라지게 되며 이것을 빅뱅 우주의 진화와 결부시켜 보는 사람들이 등장하였다. 이러한 사색이 1970년대 와인버그의 저서 《태초 삼분 간》(The First Three Minutes)의 후반부에 등장하여 오늘날 우주 진화의 표준 이론으로 발달되었다. 이러한 사고에 기반을 두어 우주 개벽 시에 힘은 한 가지이었으나, 플랑크 시간(10^{-44}초)이 지나면서 중력이 가지를 쳐서 태어났고 나머지 세 가지 힘은 여전히 불분명한 채로 한 덩어리로 남아있으면서 10^{-36}초까지 경과한다. 그 사이에 우주는 맹렬하게 단열 팽창을 하기 때문에 우주의 온도는 급격하게 내려가 10^{-36}에서 10^{28}K에 도달한다. 세 종류의 힘의 통일된 상태, 즉 대통일이 이루어지는 온도이다. 따라서 플랑크 시간부터 10^{-36}초까지의 시간을 대통일의 시대라고 부른 까닭이 여기에 있다.

우주끈이 생기기 직전의 우주는 위에서 언급한 상태에 있다. 이때의 우주의 온도는 10^{28}K까지 내려간다는 사실을 앞에서 이미 언급하였다. 이러한 온도는 오늘날의 가속기로는 도저히 얻을 수 없는 엄청난 에너지이다. 통일 이론과 대통일 이론을 지지하고 있는 이론으로 1954년 부룩크헤이븐 연구소의 양과 밀즈가 제창한 〈일반화된 게이지 이론〉 또는 〈양-밀즈 이론〉이 있다. 이 이론에 의하면 우주의 상전이란 진공의 응축에 의하여 히그스(Higgs) 입자라고 부르는 입자(일반적으로 스칼라 보존이다)가 생성되어 이것이 진공 장의 대칭성을 파괴시키면서 일어나는 현상이다. 그러나 우주 전체가 상전이를 일으키더라도 반드시 일양하게 일어나지는 않는다. 그것은 동일한 상전이인 물이 얼음으로 변화하는 현상과 비슷하다. 즉 물이 급격하게 얼음으로 변할 때 얼음 속에는 기포의 모양, 실의 모양 또는 면의 모양을 가진 결함이 생긴다. 이것은 얼음을 만드는 물 분자들 사이에서 관계가 이런 결함을 일으킨다는 것을 의미한다. 우주의 경우에도 진공의 상전이가 일어날 수 있다. 이러한 과정을 밟으면서 우주의 결함이 일어나며 그 모양으로 점, 선 또는 면을 들 수 있다. 물리학자들은 이것을 토폴로지컬 결함(topological defect)이라고 부른다. 이것은 시공간을 취급하는 수학적 성격에서 유래된다. 예를 들면, 점 모양의 결함은 〈우주끈〉이 되고 평면상의 결함은 〈벽〉(domain wall)이 된다. 이러한 결함은 현재 이론적 존재의 늪을 벗어나지 못하고 있다. 이것이 실제로 초기 우주에만 존재하거나, 또는 현재의 우주에도 그것이 존재하는가의 여부를 확인할 수 있는 결정적인 증거는 아직까지 발견되지 않고 있다. 그러나 이러한 결함이 상전이를 거치면서 남아있는 부분, 즉 초기 우주와 거의 비슷하면서 상당히 밀도가 높고 에너지 덩어리가 뭉쳐서 갇혀 있는 영역이 있을는지도 모른다.

　자기 단극자는 양성자의 10^{16}배의 질량에 해당하는 에너지를 가지고 있다고 믿고 있다. 우주끈과 벽(domain walls)은 이와 같은 에너지 밀도의 영역이 각각 1차원 및 2차원적으로 배열되어 있다고 믿어지고 있다. 실제로 초기 우주에 이와 같은 벽이 존재하면 그 벽 때문에 우주는 초기 단계에서 일찍 팽창이 중지된다. 한편 자기 단극자의 경우 여러 개가 생성될 수 있다. 그러나 이런 것과 관련된 문제점과 그 해결법에는 여러 가지 논란이 일고 있다. 그 반면에 우주끈은 이런 위상적 결함 중에 현재 가장 주목을 받고 있다. 우주끈이 가지고 있는 특징 중의 한 가지는 끝점이 존재하지 않는다는 것이다. 이것은 어떤 모델을 구성할 때의 경계 조건으로부터 자연히 얻어지는 성질이다. 그와 같은 것이 성립되기 위해서는 우주끈이 무한의 길이를 가지거나 양 끝이 연결된 루프형을 가지지 않으면 안 된다. 개벽 후 10^{-36}초에 일어나는 상전이 후의 초기 우주는 우주의 지평선으로부터 지평선으로 연결되어 늘어난 우주끈이 여러 개로 구성되어 있는 그물망으로 되어 있다. 경우에 따라서는 이런 것이 서로 혼잡하게 배열되어 많은 루프형의 우주끈도 존재하는 경우가 있다.

우주끈의 굵기는 무엇보다도 가늘다. 양성자의 지름은 도저히 우리가 믿을 수 없을 정도로 얇은 10^{-13}cm이다, 우주끈 중에 두꺼운 것은 수소원자 지름에 10배 정도이며 얇은 것으로는 양성자 지름의 10^{17}분의 1 정도이다. 이것을 실감나게 표현하기 위하여 한 개의 원자의 크기를 지름이 약 10만 광년의 은하계 크기로 확대하면 우주끈은 약 10^{-4}cm의 비루스 크기에 해당된다. 이렇게 우주끈의 두께는 참으로 가늘다.

우주끈은 대통일이 깨지는 상전이 이전에 높은 밀도의 에너지가 뭉쳐있는 덩어리로서 거대한 선밀도를 가지고 있다. 아마도 1cm당 10톤 이상의 질량이 들어 있다. 이렇게 선밀도가 높기 때문에 우주끈의 장력이 매우 크다. 현악기의 음의 높이는 현의 장력에 의하여 결정된다. 이와 같은 방법으로 계산하면 우주끈은 제일 높은 장조의 도음보다 20옥타브 이상의 음을 발생한다. 진동수로 말하면 약 100억 H_2이다. 우주끈에는 한 가지 기묘한 성질이 있다. 일반 상대성 이론에 의하여 끈을 조사해 보면 본래 물리적으로 직접 관계가 없는 장력과 선밀도의 크기는 같다. 즉 상식적으로는 이해할 수 없는 성질이다. 이러한 불가사의한 성질로부터 한 개의 재미있는 특징이 생겨난다. 그것은 다름이 아닌 각도 결손이라고 부르는 것이다. 우리가 살고 있는 공간에서 원주상을 한 바퀴 돌면 각도로 360도가 된다. 우주끈의 근방에서는 이러한 상식이 통용되지 않는다. 즉 360도보다 작게 되는데 이것을 각도 결손이라고 한다. 이 성질이 우주끈 가까이를 통과하는 빛과 물질에 중요한 효과를 끼친다.

지금 직선상의 무한한 길이로 이루어진 우주끈에 대하여 물질 및 빛이 상대 운동을 한다고 하자. 이때 물질과 빛은 우주끈 주위 시공간의 각도 결손의 영향을 받아 우주끈의 궤적 위로 흡수되어 모이게 된다. 이러한 효과는 퀘이사와 같은 먼속에 있는 천체로부터 발생되는 빛에 대한 중력렌즈로서의 역할을 맡을 가능성을 시사해 준다.

우주끈은 영구불변하지 않고 우주의 진화를 거듭하며 변화한다. 우주끈의 진동으로부터 중력파를 발생시킨다. 중력파가 발생됨에 따라 우주끈의 에너지가 줄어들고 마침내 질량이 줄어들어 우주끈이 소멸되게 된다. 이 효과를 볼 수 있는 예가 루프형의 우주끈의 경우이다. 중력파 방출에 따라서 루프의 길이는 서서히 짧아지면서 증발되어 소실된다. 루프가 증발되어 소멸할 때까지의 수명은 루프의 길이나 진동 모드의 형태에 따라서 다르다.

미국의 페르미 국립가속기 연구소의 천체 물리학 그룹은 우주에 있어서 우주끈의 양상이 어떻게 변화하는가를 컴퓨터 시뮬레이션을 한 적이 있다. 우주의 어느 한 부분을 샘플로 택하여 우주 초기로부터 현재까지의 발전 과정을 컴퓨터 그래픽스를 통하여 보여 주었다. 그것에 의하면 우주끈은 탄생 초기에 뇌의 신경 세포와 같은 그물망 구조로 이루어져 있다. 어떤 우주끈은 길이가 늘어나면서 서로 연결되어 루프형의 우주끈을 만들었다. 한편, 우주 대폭발의 에너지에 의하여 맹렬하게 우주끈은 팽창하기도 한다. 우주끈은 매우 강한 용수철과 같아서 늘어나면 늘어날수록 탄성력이 커져서 강한 진동을 일으키게 되고 우주 끈끼리 교차하여 루프형의 우주끈을 만들게 된다. 우주의 팽창 및 루프형 우주끈의 증발에 의하여 우주의 공간 중에 일부가 희박하게 된다. 이것이 우주의 진화 도중에 변화하는 우주끈의 모양은 프랙탈적이라고 말할 수 있다.

일반 상대론의 물리적 기초

초판 1990년 8월 30일
개정 2022년 2월 22일

지은이 D. W. 쉬아마
옮긴이 박승재/김수용

펴낸이 손영일
편 집 손동민
펴낸곳 전파과학사
주소 서울시 서대문구 증가로18(연희빌딩), 204호
등록 1956. 7. 23. 등록 제10-89호
전화 (02)333-8877(8855)
FAX. (02)334-8092

홈페이지 www.s-wave.co.kr
E-mail chonpa2@hanmail.net
공식블로그 http://blog.naver.com/siencia

ISBN 978-89-7044-990-6 (03420)

도서목록

현대과학신서

도서목록
BLUE BACKS